21世纪高等院校
艺术设计专业精品教材

顾问 ¤ 鲁晓波 蒋啸镝
张夫也 孙建君

室内装饰材料与施工工艺

主 编 张 颖 赵飞乐

副主编 冯翔宇 李珊珊 钟 刚
李凤华 周 雷 李晓昕

南京大学出版社

内容提要

　　本书共九章，包括绪论、室内装饰常用材料、水电工程、泥水工程、木工装饰工程、吊顶工程、涂饰工程、裱糊工程和配套装饰工程，全面系统地介绍了室内装饰施工的材料、工具、工序和加工工艺，内容由浅到深，由易到难，循序渐进，并配有大量优秀设计作品及图例，通俗易懂，图文并茂。

　　本书既可作为高等院校室内设计、建筑装饰设计等专业的教材，也可作为高职高专院校及各类培训机构相关专业的教材，还可作为室内装饰设计人员、装饰工程管理人员、施工技术人员的参考用书。

图书在版编目（CIP）数据

室内装饰材料与施工工艺 / 张颖，赵飞乐主编.—
南京：南京大学出版社，2019.1（2024.1重印）
ISBN 978-7-305-21208-6

Ⅰ.①室… Ⅱ.①张…②赵… Ⅲ.①室内装饰—建
筑材料—装饰材料—高等学校—教材 ②室内装饰—工程施
工—高等学校—教材 Ⅳ.①TU56②TU767

中国版本图书馆CIP数据核字（2018）第259919号

出版发行	南京大学出版社
社　　址	南京市汉口路22号　　　　　　　邮　编　210093

书　　名　**室内装饰材料与施工工艺**
　　　　　　SHINEI ZHUANGSHI CAILIAO YU SHIGONG GONGYI
主　　编　张　颖　赵飞乐
责任编辑　徐　晶　　　　　　　　　编辑热线　（010）82896084

印　　刷　河北鑫彩博图印刷有限公司
开　　本　889 mm×1194 mm　1/16　　印张　7.5　　字数　225千
版　　次　2019年1月第1版　　　2024年1月第8次印刷
ISBN 978-7-305-21208-6
定　　价　45.00元

网址：http://www.njupco.com
官方微博：http://weibo.com/njupco
官方微信号：njupress
销售咨询热线：（025）83594756

21世纪高等院校艺术设计专业精品教材

■ **顾　问**

鲁晓波　清华大学美术学院院长，教授，博导
蒋啸镝　湖南师范大学教授
张夫也　清华大学教授，博导
孙建君　中国艺术研究院工艺美术研究所所长，研究员，博导

■ **专家指导委员会名单**（排名不分先后）

陈劲松　云南艺术学院设计学院院长，教授
陈卢鹏　韩山师范学院教授，国家室内高级设计师
戴　端　中南大学教授
杜旭光　河南师范大学教授
高俊峰　河北科技大学教授
关　涛　沈阳理工大学艺术设计学院院长，教授
郭线庐　陕西省美术家协会主席，西安美术学院教授
何人可　湖南大学设计艺术学院院长，教授，博导
贺万里　扬州大学美术与设计学院前院长，教授
胡玉康　陕西师范大学教授，博导
荆　雷　山东艺术学院党委委员，副院长，教授
李　杰　暨南大学教授，导演
李　林　江苏海洋大学艺术学院关工委常务副主任，副教授
林　木　四川大学艺术学院院长，教授
刘　爽　大连艺术学院艺术设计学院副院长，教授
刘同亮　徐州工程学院艺术学院前副院长
马　刚　西北中国画研究院院长，教授
潘　力　大连工业大学服装设计与工程实验教学中心主任，大连工业大学
　　　　时尚创意产品孵化基地负责人，教授
彭　红　武汉科技大学教授
邵　辉　河北传媒学院数字艺术与动画学院常务副院长，副教授
陶　新　辽宁何氏医学院党委委员，副校长，教授
万　萱　西南交通大学教授
王承昊　南京传媒学院美术与设计学院前院长
王健荣　湖南师范大学教授
魏国彬　安徽财经大学艺术研究中心主任，教授
吴余青　湖南师范大学教授
谢　芳　湖南师范大学教授
徐伯初　西南交通大学教授
许存福　安徽新华学院艺术学院执行院长，副教授
许　亮　四川美术学院教授
许世虎　重庆大学教授
杨贤艺　长江师范学院美术学院前副院长，教授
姚月霞　硅湖职业技术学院校长助理，文化创意学院分管领导，党总支书记，
　　　　教授
虞　斌　九江学院艺术学院副院长，副教授
宇　恒　哈尔滨师范大学副教授
袁恩培　重庆大学教授
詹秦川　陕西科技大学教授，博导
张建伟　河南师范大学教授
赵　勤　江西科技师范大学教授，硕导
钟　磊　浙江树人大学副教授
朱广宇　浙江传媒学院教授

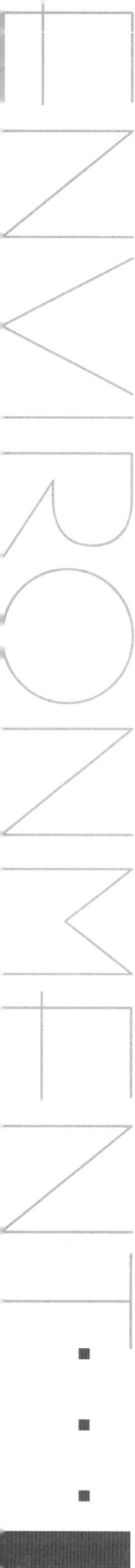

序
PREFACE

ENVIRONMENT

室内装饰施工的范围几乎包含了建筑物内部的所有界面，也可以说是对建筑物内部的顶、地、墙各界面的重新"梳理"。在这个过程中，施工选用的材料是多种多样的，各种材料又有着相应的加工工艺。一个优秀的设计不但要有创意，而且要能够实现。仅有好的设计构思，没有好的施工工艺，或只有好的施工工艺，而设计上无所作为，都不能算是成功的设计。

本书由多所高校从事基础教学的教师共同编写，全面、系统地介绍了室内装饰材料与施工工艺的相关知识。通览全书，特点有五。

一是结构紧凑、合理。室内装饰施工涉及的知识面广，内容繁杂，本书很好地融合了各个学科的知识要点。

二是逻辑性强，主线明朗。按照实际施工流程安排章节，详细介绍了施工步骤和工艺，一目了然。

三是通俗易懂，针对性、实用性强。本书各章开篇都配有"本章知识点"和"学习目标"，章末配有"本章小结"和"思考与练习"，学生易于明确目标，把握主次，给学习带来了极大的方便。

四是注意图例的层次性。书中的图例多为教师设计作品的真实案例，较为形象、直观，既有引领、示范作用，又有比照作用。它们在辅助说明事理的同时增强了本书的观赏性。

五是提纲挈领，简明扼要。本书针对施工各个环节的关键点，依照知识的深浅、简繁、难易程度进行了合理的组织编排，让繁复的问题变得简略明晰，读起来十分顺畅。

由此可见，这是编者精心打造的一部颇具实用性和针对性的教材，从中可窥见编者严谨、求实的学术精神和认真、负责的工作态度。相信本书能够满足目前我国室内装饰施工教育的要求，为推进教育事业的发展做出应有的贡献。

吴承钧

郑州轻工业学院艺术设计学院环境艺术设计系教授、研究生导师
河南省室内装饰协会设计师专业委员会副主任

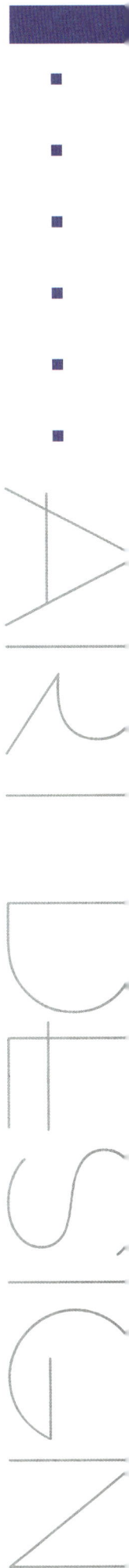

FOREWORD

前言

　　室内装饰材料与施工工艺是研究装饰材料性能及其施工工艺的一门综合学科。学习本课程的目的是了解室内常用装饰材料的性能及其加工特点，重点掌握材料的基本性质、检验方法及用途，了解材料的简单施工过程及材料的保管，同时配合专业课程的学习，为设计方案的施工提供合理的施工建议和必要的指导。

　　本书针对艺术设计相关专业学生，立足教学，按照实际施工流程进行编排，系统地介绍了常用装饰材料、施工机具和施工步骤，内容由浅入深，从易到难，循序渐进，配有优秀设计作品及大量图例，通俗易懂，图文并茂。

　　本书由河南工业大学张颖、广东轻工职业技术学院赵飞乐担任主编，河南轻工职业学院冯翔宇、郑州财经学院李珊珊、重庆工程职业技术学院钟刚、广东白云学院李凤华、周口师范学院周雷、郑州信息科技职业学院李晓昕担任副主编，全书由张颖统稿。

　　本书既可作为高等院校室内设计、建筑装饰设计等专业的教材，也可供室内装饰设计人员、装饰工程管理人员和施工技术人员查阅参考，同时对进行住宅装饰的消费者也具有很好的参考价值和指导意义。

编 者

ENVIRONMENT

目录
CONTENTS

CHAPTER ONE

第一章
绪　论

■ **本章知识点**

　　本章主要涵盖两部分内容：一是介绍国内外室内装饰的发展历史；二是介绍室内装饰常用施工工艺及机具。

■ **学习目标**

　　通过本章的学习，了解国内外室内装饰的历史发展脉络，更好地把握行业发展方向；掌握施工机具的种类、使用特点和适用范围等。

起初，装饰施工和建筑施工并无区分，随着工业化程度的不断加深和经济的发展，城市发展速度加快，人们对居住、生活、工作的空间环境要求越来越高，促进并加快了装饰行业的发展，同时也使装饰施工和建筑施工逐步分离。

装饰施工是一项综合性的技术，涉及材料学、工艺学、结构学、管理学、美学等诸多领域，它伴随着材料工业、化学工业、轻工业及建筑设计等方面的发展而不断发展，几乎包含了所有建筑室内的各个界面以及其中部分用品的施工。

本书按各工种施工与材料施工的组合、搭配顺序组织编写，可以有效避免按施工部位编排所产生的重复现象。此外，材料介绍与施工讲解同步进行，可使学生对材料的理解更直接，更有针对性。

第一节　室内装饰的发展过程

一、国外室内装饰的发展

室内装饰的发展与建筑同生相伴，只是最早的装饰活动仅仅是人们在居住的空间中进行一些简单的涂画，这可以从岩洞绘画中看到（图1-1）。随着生产技术的发展，人们开始使用一些自然材料建造自己的居住空间和活动场所，并使用祭器、礼器、绘画、植物和兽皮等作为装饰。到了古希腊时期，其室内装饰已经体现出完善的艺术形式，这对世界建筑和装饰艺术的发展产生了深远影响（图1-2）。

图1-1　西班牙阿塔米拉洞窟壁画

到了古罗马时期，其建筑空间、布局、室内门窗造型，都与拱券形式密不可分。在绘画作品和建筑遗迹中，庄重与华丽的装饰风格随处可见。万神庙是唯

图1-2　古希腊帕提农神庙

一保存完整的古罗马帝国时期的建筑物，它体现了庄重、稳健、华丽的装饰风格（图1-3）。

图1-3　万神庙内部采光及装饰

进入中世纪，人们在建筑中既保留了古希腊和古罗马的传统风格，又吸收了阿拉伯和伊斯兰的东方文化，发展成拜占庭的建筑工艺形式和哥特式的建筑艺术形式，并在建筑的表面运用大理石板和马赛克（也称锦砖）进行装饰，同时运用地毯、壁挂、帷幔等织物和彩色玻璃镶嵌窗子，并用各种纹样线脚装饰室内，使室内装饰有了长足的发展。

到了15、16世纪，文艺复兴以人文主义为文化特征，以古希腊和古罗马文化为基础，吸收了哥特式和东方风格，形成了崭新的建筑形式，室内装饰朝着雕琢、富丽的方向发展。由文艺复兴风格蜕变而成的巴洛克风格更加注意装饰线型的流动变化，大量采用雕

刻、壁画、镜面和大理石拼出的图案，其精美的挂毯装饰、多重的线脚堆砌、艳丽的色彩，体现出豪华、气派之感。例如法国国王的凡尔赛宫，大量采用雕刻、壁画、挂毯及大理石，充分体现了富丽豪华的巴洛克装饰风格（图1-4）。

到了18世纪，洛可可装饰风格开始流行，其大量采用贝壳、花叶、飞禽等曲线形式，在表现的尺度上较巴洛克风格有明显缩小，而在造型上则更趋繁复、瑰丽。进入工业革命以后，技术得到进一步发展，人们开始探索新的装饰形式。

19世纪末，欧洲兴起了工艺美术运动，与稍晚兴起的新艺术运动一起拉开了现代设计的序幕。人们主张美术与技术要结合，反对纯艺术，尤以包豪斯学院的成就最为突出，其"功能决定形式"的观点与主张，奠定了现代设计和设计教育的基础，并推动了现代设计的发展。随着这种思想的发展，设计界涌现了一大批现代建筑和现代设计的代表人物、作品。例如，由格罗佩斯设计的狄索的包豪斯学院，就充分体现出"功能决定形式"的设计理念，学院功能布局合理有序、外观简洁（图1-5）。

现代主义特别注重应用新技术、新材料，强调简洁的造型形式和建筑空间自身的结构之美，提出了"少就是多"的观点，使建筑和装饰形式走上简约化、纯粹化的发展道路（图1-6）。

二、我国室内装饰的发展

室内装饰在我国有着悠久的历史。我国宋代李诫编修的《营造法式》一书中所列的小木作、雕木作、石作、彩画作等工种就全面总结了装饰的施工方法和设计图样。

图1-4　凡尔赛宫室内装饰

图1-5　包豪斯学院

图1-6　现代主义建筑装饰风格

传统的装饰材料基本以天然材料为主，如天然石材、天然木材、天然油漆等。随着工业的发展，又出现了一些金属材料，如铜材、铁材等。传统的装饰材料虽然比较单一，但在施工工艺上比较注重发挥各种材料的特性，使材料的运用达到了一个很高的水平，这在材料的安装结构上和造型上都有所表现。如我国传统的木构建筑，就充分运用木材的特点，使建筑的艺术加工与使用功能、结构处理有机地融为一体。

虽然在现代装饰工程中许多传统的装饰材料及施工技艺正在被新的材料与新的工艺所取代，但对于设计师来讲，许多传统技艺仍然值得总结，许多传统造型对当代设计仍有着重要的参考和借鉴价值（图1-7）。

图1-7　古典中式风格的现代建筑装饰

在近代，我国经济发展逐步落后于西方国家，装饰方面基本处在停滞状态。中华人民共和国成立后，尤其是改革开放以后，装饰行业才逐步发展起来。20世纪70年代以后，我国的化学工业、建材工业开始生产诸如建筑涂料、壁纸、化纤地毯以及合成石等建材，各种施工工艺逐步完善。一般说来，施工工艺发展是和建筑材料开发、科学技术发展、新结构产生紧密相连的，如铝合金的幕墙工艺和钢结构技术、玻璃工艺的发展是分不开的，现代的点式玻璃施工技术是随着悬索结构技术的发展而发展起来的。为了减轻重量，将用于高层建筑室内的干挂石材切割成 2～3 cm

厚，并在其背部粘贴轻质材料进行装饰，这种切割石材的方法，就是运用了现代高科技的水切割技术得以完成的。

20世纪90年代后，在政府的正确引导下，装饰业发展迅猛并逐步成为支柱型产业，如20世纪90年代建造的我国第一高楼金茂大厦的室内装饰，就充分展示了当代的装饰风貌（图1-8）。

图1-8　金茂大厦内部装饰设计

三、室内装饰工程的发展趋势

作为未来的设计师，我们不但要了解传统的施工方法，而且要掌握当代材料的施工工艺，同时也要关注装饰材料及装饰施工的发展方向，这样才能跟上时代的步伐，适应未来的发展需要。

装饰材料与装饰施工随着科学技术的发展而不断发展。传统的天然材料正在被人工材料所取代，施工方面也在从传统的现场手工操作变为机械施工和工业化装配。其中工业化生产与现场装配将成为未来室内装饰的重要发展方向。这种方法可改善和提高装饰工程的施工精度，缩短施工周期，降低施工噪声，达到手工劳动所无法达到的建筑功能要求和艺术表现力。

目前，在室内装饰工程中已出现了许多工业化装配的例子，其装配化程度越来越高。从最早出现的轻质吊顶及铝合金门窗等项目，到现在的金刚地板、铺墙板、整体厨房、整体浴室等都突破了传统的装饰模式。

我国在改进装饰工程的施工技术及施工工艺方面已有了很大的进步，在研制和开发新装饰材料与施工机具方面也取得了一定的成绩。但也应看到，在进一步改进操作工艺、提高技术水平和劳动生产率、降低成本、节约原材料、加强环境保护、营造绿色室内空间等方面仍有大量的工作要做，我们应该在掌握装饰施工基础知识和技艺的基础上，努力在工程实践中积累经验并开拓新路。

四、学习装饰施工工艺的方法与步骤

室内装饰施工几乎包含了建筑物所有表面的装饰任务，也可以说是对建筑物的顶、地、墙各表面的重新"梳理"。在学习本课程的时候，可以从了解材料入手。一般将材料分为基础材料、常用材料和饰面材料，虽然材料发展变化很快，但基本材料变化并不大，因此对基础常用材料的知识必须掌握；此外，还要了解一些表面的饰面材料。在掌握材料知识的基础上，根据建筑物各界面的特点，学习并掌握相关施工工艺。通过本课程的实习，学生掌握工具的使用方法，了解装饰施工工艺的一般流程，从而掌握整个装饰施工工艺的方法与步骤。

第二节 室内装饰施工工艺及施工机具

一、熟悉室内装饰工程的施工工序

一项优良的装饰工程除了要有合格的选材外，还要有精良的施工工艺做保障。如果没有合适的施工手段和方法，即使使用了较好的材料，也难以取得理想的装饰效果。

室内装饰不仅是一项表层美化工程，而且是一项必须依靠合格的材料和科学合理的构造，依靠建筑主体结构予以稳固支撑的严肃工程，是一项多工种、多工艺的复杂工程。其工种包括泥水、电工、木工、油漆工、软包工、五金工等，工序包括隐蔽工程（水、电、暖通）、泥水工程、木工工程、涂饰裱糊工程、玻璃工程。

如此多的工种配合，工序上不可随意安排，而必须按照统一的布置有步骤地进行。对于隐蔽工程尤其要引起重视，因为隐蔽工程虽然

在暗处，但出现问题后会影响表面工程；而且在设计施工中要考虑到方便检修与维护。

在装饰施工中还必须考虑安全性问题，这其中包括装饰材料与结构材料的搭接、结构材料与建筑主体的搭接是否安全合理；材料的防火性能与配置是否正确；另外对建筑结构部分不可随意修改与变更，与建筑有关的所有装饰工程的施工操作都不能忽视对建筑主体结构的维护与保养。总之，一切施工操作及工序，均应按国家颁发的有关施工和验收规范进行。

二、施工机具及操作要点

建筑装饰施工机械一般为人工易搬动的小型机械，多为手提式，按功能可分为钻孔型、切割型、磨光型、刨削型和紧固型等，有微型电动机驱动的旋转型机械，还有以空气压缩机为动力的气动工具。

1. 钻孔型机具

（1）手电钻。手电钻是常用于对金属板材、铝合金板材、塑料等材料或工件进行钻孔的电动工具。其特点是体积小、重量轻、工效高、操作简便快捷。手电钻由电动机、机械传动装置、外壳、钻夹头等部件组成。钻头装于钻夹头或圆锥套内。为适应不同钻削特性，手电钻有单速、双速、四速和无级变速等（图1-9）。

（2）电动冲击钻。电动冲击钻是可调节式、旋转带冲击的特种电钻。当把旋钮调至纯旋转位置，安装上钻头，可像普通电钻一样对钢制品进行钻孔。如把旋钮调至冲击位置，并安装镶硬质合金的冲击钻头，便可对砖墙及混凝土墙进行钻孔。其广泛用于装饰中的各项安装工程（图1-10）。

图1-9 手电钻

图1-10 电动冲击钻

（3）电锤。电锤也称冲击电钻，其工作原理同电动冲击钻，使用硬质合金钻头，可在砖石、混凝土上钻孔，钻头旋转兼冲击。电锤的振动力较大，操作时要用手握紧钻把，使钻头与地面、墙面垂直，并要时常拉出钻头排屑，以防钻头扭断或崩头。它广泛应用于铝合金门窗、轻钢龙骨吊顶和饰面石材安装等工程中的膨胀螺栓安装、木楔安装（图1-11）。

2. 切割型机具

（1）电动圆锯。电动圆锯是木工工程中不可缺少的电动机具，用于切割各种木板、木方、面板等。常用的规格有 7 in[①]、8 in、9 in、10 in、12 in、14 in 几种。其中 9 in 圆锯的功率为 1 750 W，转速为 4 000 r/min；12 in 圆锯的功率为 1 900 W，转速为 3 200 r/min。

使用时，双手握稳电锯，开动手柄上的电钮开关，让其空转至正常速度，再对木料进行锯切。在施工中，可将电动圆锯反装在木制工作台面下，使圆锯片从工作台面的开槽处伸出台面，以便切割木板和木方（图1-12）。

（2）电动线锯机。电动线锯机也属木工电动机具，其齿形切削刀刃向上，工作时上下往复运动，冲程长度 26 mm，冲程速度每分钟 0 ～ 3 200 次，功率 350 W 左右，锯条规格有三种：60 mm×8 mm、80 mm×8 mm、100 mm×8 mm，锯齿也分粗、中、细三种，最大锯切厚度为 50 mm。

电动线锯机可用于直线或曲线锯割，可在木板中开孔、开槽，其导板可有一定角度的倾斜，便于在工件上锯出斜面。操作时要双手按稳机器，匀速前进，不能左右晃动，否则锯条会折断（图1-13）。

（3）手提式电动石材切割机。

---

① 1 in=2.54 cm

手提式电动石材切割机用于地面、墙面的石材、瓷砖等板材的切割。其功率为 850 W，转速为 1 100 r/min。手提式电动石材切割机的切割片有干型和湿型两种，湿型刀片切割时需用水做冷却液，干型刀片可直接切割使用，无须冷却液。使用湿型切割机切割石材前，先将小塑料软管接在切割机的给水口上，切割时用手握住机柄，通水后再按下开关，并均匀推进切割机（图1-14）。

（4）小型金属材料切割机。小型金属材料切割机是一种高效率的电动工具。它根据砂轮磨削原理，利用高速旋转的薄片来切割各种金属型材。该机在装饰过程中常用来切割铝合金型材、不锈钢钢管、轻钢龙骨、钢筋、角钢、水管等。它具有切割速度快、生产效率高、切断面平整、垂直度好等特点。

小型金属材料切割机常用规格有 12 in、14 in、16 in 等，功率为 1 450 W 左右，转速为 2 300 ～ 3 800 r/min。切割刀具为砂轮片，最大的切断厚度为 100 mm。

使用时用切割机上的夹具夹紧工件，按下手柄使砂轮片轻轻接触工件，平稳进行匀速切割（图1-15）。

工具使用的寿命长短取决于使用维护及保养程度，因此要使工具更好地发挥作用，就必须对工具机具进行经常性的保养和维护。小型电动类工具要经常检查和更换碳刷，对转轴、轴承要常加机油，更换润滑油。在使用过程中，不可长时间不间断工作，应注意钻头和锯片降温。

3. 磨光型机具

（1）手提式磨石机。手提式磨石机是一种用来加工石材的电动工具。主要用于磨光花岗石、大理石和人造石材表面或侧边。该机净重 5.2 kg，便于手提操作，功率为 1 000 W，转速为 4 200 r/min，磨砂轮尺寸为 125 mm（图1-16）。

图1-11 电锤　　　　　图1-12 电动圆锯

图1-13 电动线锯机　　图1-14 手提式电动石材切割机

图1-15　小型金属材料切割机

图1-16　手提式磨石机

（2）手提式电动砂轮机。手提式电动砂轮机主要是用来打磨金属工件的边角，常用规格有 5 in、6 in、7 in 等，功率为 500～1 000 W，转速为 1 000 r/min 左右。

操作时，双手平握住机身，再按下开关，以砂轮片的侧边轻触工件，并平稳地向前移动，磨到工件尽头时应提起机身，不可在工件上来回推磨，否则会损坏砂轮片。该机转速快、振动大，操作时应特别注意安全（图1-17）。

（3）砂纸机。砂纸机也属于电动磨光型机具，它主要是代替人工用砂纸对部件进行打磨。砂纸机底座有不同的规格，一般宽度为 90～135 mm，长度为 186～226 mm，重 1.6～2.8 kg。

4. 刨削型机具

（1）手提式电动刨。手提式电动刨是木工电动工具，类似倒置小型平刨机。刀轴上装两把刀片，转速为 16 000 r/min，功率为 580 W 左右，刨削宽度为 60～90 mm。电刨上部的调节旋钮可调节刨削量。

操作时，双手前后握刨，推刨时平稳、匀速地向前移动，刨到工件尽头时应将刨身提起，以免损坏刨好的工件表面。电动刨的底板经改装还可以加工出一定的凹凸弧面。刨刀片磨钝时，可卸下来重磨刀刃（图1-18）。

（2）木工修边机。木工修边机用于对木材的侧边或接口处进行修边、整形。功率为 500 W 左右，转速为 27 000 r/min，最大加工厚度为 25 mm（图1-19）。

在使用过程中，要经常检查各种机具的电器元器件，防止电器短路和漏电而引起人身伤害事故的发生。根据机具功率大小选择使用的场合，要经常性地对机具进行保养，进行经常性的检查、维护，以确保机具能够正常运转，最大限度地提高工作效率。

5. 紧固型机具

（1）射钉枪。射钉枪是利用射钉弹内火药燃烧释放出的能量，将射钉直接射入钢铁、混凝土或砖结构的基体中（图1-20）。

图1-17　手提式电动砂轮机

图1-18　手提式电动刨

图1-19　木工修边机

图1-20　多种型号射钉枪

因射钉枪需与射钉配套使用，而各厂家生产的射钉规格各异，使用时应根据说明书操作。射钉主要有普通射钉、螺纹射钉、带孔钉三种。

（2）打钉枪。打钉枪用于木龙骨上钉胶合板、纤维板、刨花板、石膏板等板材和各种装饰木线条。它配有各种专用枪钉，常用规格有 10 mm、15 mm、20 mm、25 mm 四种。

打钉枪有电动打钉枪和气动打钉枪两种。电动打钉枪插入 220 V 电源插座就可直接使用。气动打钉枪要与空气压缩机连接，使用最低压力为 0.3 MPa。操作时用钉枪嘴压在要钉接的位置再按开关（图 1-21）。

图1-21　气动打钉枪

（3）电动螺钉钻。电动螺钉钻是安装自攻螺钉的专用机具，用于轻钢龙骨或铝合金龙骨的饰面板安装，以及铝合金门窗和隔断的安装。其功率为 200 ~ 300 W，转速为 1 200 r/min（图 1-22）。

图1-22　电动螺钉钻

6. 气动型机具

（1）空气压缩机。空气压缩机也称喷泵，用于喷油漆和涂料。空气压缩机是利用压缩空气在喷嘴处形成负压，将油漆、涂料从储漆罐中带出，再用压缩空气将油漆、涂料吹成雾状，喷在被涂物面上。要求空气压力为 0.5 ~ 0.8 MPa，并可自动调压，电动机功率为 215 kW（图 1-23）。

图1-23　空气压缩机

（2）喷漆枪。喷漆枪是对钢制件或木制件的表面进行喷漆的工具。其施工速度快，节省漆料，漆层厚度均匀，附着力强，被漆物体表面光洁。

①小型喷漆枪。小型喷漆枪在使用时一般用人工充气，也可用机械充气。人工充气是将空气压入储气筒内，供面积不大、数量较小的产品使用。储气筒的外形为圆柱体，用钢板制成，直径为 200 mm，高约 460 mm，是一个密封容器。在筒的中间设有充气泵，其结构与自行车充气泵相似，只是在排气部分多设一个阀，阀口与输气胶管连接。充气前须将放气阀关紧，当用手柄抽压 50 余次后，筒内的气体气压为 24.52 ~ 29.42 kPa；旋开放气阀，即可使用。

小型喷漆枪由储漆罐和喷射器两部分组成。储漆罐每次可约盛 0.5 kg 漆料。喷射器前端有两个喷嘴，一个是空气喷射嘴，一个是漆料喷射嘴。喷气嘴与手柄连接，漆料喷嘴装在储漆罐的盖上，与通入罐内的金属管相接。两个喷嘴成直角相交。为便于消除残漆及调节两喷嘴之间的距离，两喷嘴可调节与拆卸。手柄前面设有放气阀扳手，使用时只要扣动扳手，空气即从喷气嘴向漆料喷嘴的侧面口喷射，造成口缘部分的负压，储漆罐内的漆料即被气压力压进漆料上升管而涌向喷嘴的口缘，并被空气吹散成雾状，射向被漆物体的表面（图 1-24）。

②大型喷漆枪。大型喷漆枪的内部构造比小型喷漆枪复杂，它要用空气压缩机里的空气作为喷射的动力。它由储漆罐、握手柄、喷射器、罐盖与漆料上升管组成。盖上设有弓形扣一只及三翼形的紧定螺母一只。借助三翼形紧定螺母的左转，将弓形扣顶向上方，于是弓形扣的缺口部分将储漆罐两侧的铜桩头拉

紧，使喷枪在储漆罐上盖紧。使用时，用中指和食指扣紧扳手，压缩空气就可以从进气管经由进气阀进入喷射器头部的气室中，控制喷漆输出量的顶针也随着扳手后退，气室的压缩空气流经喷嘴，使喷嘴部分形成负压，储漆罐内的漆料就被大气压力压进漆料上升管而涌向喷嘴，在喷嘴出口处遇着压缩空气，即被吹成雾状，漆雾一出喷嘴，又遇到喷嘴两侧另一气室中喷出的空气，使漆雾的粒度变得更细（图1-25）。

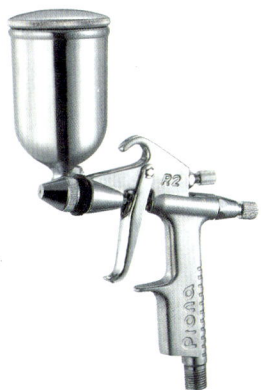

图1-24　小型喷漆枪　　　　　　　图1-25　大型喷漆枪

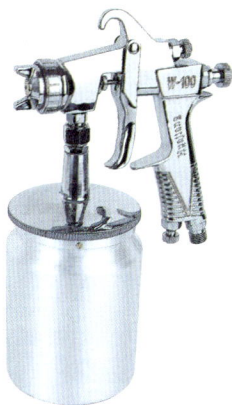

BENZHANG XIAOJIE

本 章 小 结 ····

本章主要介绍了室内装饰的发展历史，并简要介绍了各种施工机具的使用方法。

···· **思 考 与 练 习**　　　　　　　　　　　　SIKAO YU LIANXI

1．简述我国室内装饰的发展特点。

2．谈谈使用电动砂轮机的要点。

3．电锤与电动冲击钻有何不同？

4．谈谈电动工具的维护方法。

室内装饰材料基础
讲解

习题与答案

CHAPTER TWO

第二章
室内装饰常用材料

■ **本章知识点**

　　本章主要介绍室内装饰常用材料的分类，包括胶结材料、石材、木材、陶瓷、金属板材、玻璃和其他装饰材料内容。

■ **学习目标**

　　通过本章的学习，掌握常用材料的种类、加工特点和适用范围等，并通过市场考察调研，了解材料价格、产地、加工等信息。

室内装饰材料是指用于建筑物内部墙面、顶棚、柱面、地面等的罩面材料。严格地说，应当称为室内建筑装饰材料。

现代室内装饰材料不仅能改善室内的艺术环境，使人得到美的享受，同时兼有绝热、防潮、防火、吸声、隔声等多种功能，起着保护建筑物主体结构、延长其使用寿命以及满足某些特殊要求的作用，是现代建筑装饰不可缺少的一类材料。

随着生产技术的进步和生活水平的提高，建筑装饰材料也得到了快速发展。新材料层出不穷，老产品也在不断升级，一些装饰材料因为本身的缺陷和新产品的推出逐渐被市场淘汰，如PVC顶棚板、镀锌水管、108胶等。

第一节 室内装饰常用材料分类

一、了解装饰材料的必要性

在室内装饰工程中，装饰材料的选择直接影响工程的施工工艺、质量、效果和工程造价。如果因设计人员对材料知识缺乏了解而引起材料选择上的失误，就会给整个装饰工程带来麻烦或造成浪费，甚至造成难以挽回的损失。因此在材料的选择上，应首先从建筑的使用要求出发，使材料能长期保持它的特征并安全、适用。

装饰材料除了在品种、规格、花色等常规形式上的发展外，在用材方面越来越多地采用高强度纤维或聚合物与普通材料进行复合，这是提高装饰材料强度同时又降低其重量的有效方法。近些年常用的铝合金型材、镁铝合金铝扣板、人造大理石，防火板等产品即其中的典型代表。同时装饰材料还在向大规格、高精度、易施工的方向发展，比如陶瓷墙地砖，过去的幅面往往较小，现在则多采用600 mm×600 mm、800 mm×800 mm，甚至1 000 mm×1 000 mm的墙地砖。此外，由于现场施工的局限性，很多产品开始进入工业化生产阶段，比如橱柜、衣柜、玻璃隔断墙和各类门窗等产品目前很多都采用厂家生产并安装的方式。

要想做出完美的设计，就必须把握装饰材料的发展趋势，不间断地进行学习，以适应装饰材料的发展。

二、装饰材料的主要分类

装饰材料品种繁多，通常有以下三种分类。

按化学成分划分，室内装饰材料可分为金属材料、非金属材料和复合材料（表2-1）。复合材料是指由两种或两种以上的材料，组合为一种具有新性能的材料。复合材料往往具有多种性能，因此也是现代材料的发展方向。

表2-1 装饰材料的种类及用途

类 别		主要材料
金属材料	黑色金属材料	如不锈钢等
	有色金属材料	如铝、铜、银、金等
非金属材料	无机非金属材料	如大理石、玻璃、陶瓷等
	有机非金属材料	如木材、建筑塑料等
复合材料	非金属与非金属复合	如装饰混凝土、装饰砂浆等
	金属与金属复合	如铝合金、铜合金、镁铝合金等
	金属与非金属复合	如涂塑钢板、塑铝板等
	无机非金属与有机非金属复合	如人造花岗石、人造大理石等
	有机非金属与有机非金属复合	如各种涂料、胶结材料等

按建筑物装饰部位，室内装饰材料大致可分为吊顶装饰材料、墙面装饰材料、地面装饰材料、门窗材料、室内设备及装饰用品等。

按材料形状和使用部位，室内装饰材料可分为板材、片材、型材、线材、油漆、电料与水料、胶结材料七种类型。

1. 板材

板材主要是由各种木材或石膏加工而成的板状产品，统一规格为1 220 mm×2 400 mm。常见的有防火石膏板、三夹板、五夹板、九夹板、刨花板、复合板，还有各种饰面板，如水曲柳板、花梨板、白桦板、胡桃木板、樱桃木板、柚木板、橡木板、宝丽板等，其厚度均为3 mm。在装饰预算中，板材以块为单位。

2. 片材

片材主要是石材及陶瓷、木材、竹材加工成块的产品。

陶瓷地砖及墙砖可分为六种：一是釉面砖，面光滑有光泽，花色繁多；二是耐磨砖，也称玻璃砖，防滑无釉；三是仿大理石镜面砖，也称抛光砖，面光滑有光泽；四是防滑砖，也称通体砖，暗红色带格子；五是马赛克；六是墙面砖，基本上为白色或带浅花。

木材加工成块的地面材料品种也很多，价格依材质而定。其材质主要为梨木、樟木、柞木、樱桃木、椴木、榉木、橡木、柚木等。在装饰预算中，片材以平方米为单位。

石材以大理石、花岗石为主，其厚度基本上为 15 ～ 20 mm，品种繁多，花色不一。天然大理石是石灰岩与白云岩在高温、高压作用下的矿物结晶。纯大理石为白色，白色大理石称为汉白玉。大理石经锯切、打磨后，就成为大理石装饰板材。大理石装饰板材光洁细腻，纹理天然。其花色品种可达上百种，主要品种有云灰大理石、彩花大理石等。花岗石泛指以各种石英、长石为主要的组成矿物，并含有少量云母和暗色矿物的火成岩以及与其有关的变质岩。花岗石常呈整体均粒状结构，石英含量高，纹理呈斑点状，有深浅层次，构成独特的效果。

3. 型材

型材主要是钢、铝合金和塑料制品。其统一长度为 6 m。钢材用于装饰方面的主要为角钢，然后为圆钢，最后是扁钢，还有扁管、方管等，适用于防盗门窗的制作和栅栏等的造型。铝材主要为扣板，宽度为 100 mm，表面处理均为烤漆，颜色分红、黄、蓝、绿、白等。铝合金材主要有两色：一为银白，一为茶色。不过现在也出现了彩色铝合金，其主要用途为门窗料。铝合金扣板宽度为 110 mm，在家庭装饰中，也可用于卫生间、厨房吊顶。塑料扣板宽度有 160 mm、180 mm、200 mm，花色很多，有木纹、浅花，底色均为浅色。现在常用的装饰材料有配套墙板、墙裙板、门片、门套、窗套、角线、踢脚线等，品种齐全。在装饰预算中，型材以根为单位。

4. 线材

线材主要是指木材、石膏或金属加工而成的产品。木线种类很多，长度不一，主要由松木、梧桐木、椴木、榉木等加工而成。其品种有指甲线（半圆带边）、半圆线、外角线、内角线、墙裙线、踢脚线、雕花线等。宽度小至 10 mm（指

甲线），大至 120 mm（踢脚线、墙角线）。石膏线分平线、角线两种，铸模生产，一般都有欧式花纹。平线配角花，宽度为 5 m 左右，角花大小不一；角线大小不一，种类繁多，一般用于墙角和吊顶。此外，还有不锈钢、钛金板制成的槽条、包角线等，长度为 2.4 m。在装饰预算中，线材以米为单位。

5. 油漆

油漆分为有色漆、无色漆两大类。有色漆有各色酚醛油漆、聚氨酯漆等；无色漆包括酚醛清漆、聚氨酯清漆、亚光清漆等。在装饰预算中，涂料、软包、墙纸和漆类均以平方米为单位，漆类也有以桶为单位的。

6. 电料与水料

电料主要包括电源线（规格有 1.5 mm^2、2.5 mm^2、4 mm^2、6 mm^2 铜芯线）、穿线管（有 PVC 阻燃管和镀锌管两种）、接线盒（有铁盒、铝盒、PVC 盒）、各种管件及各种开关面板。

水料主要包括紫铜管、镀锌管、PPR 管、铝塑复合管及弯头、三通、四通等管件。

7. 胶结材料

胶结材料包括壁纸、墙布、乳胶漆、界面剂、腻子粉、水泥、石灰、石膏等。

第二节　胶结材料

一、水泥

1. 水泥的性能与分类

水泥是以硅酸盐水泥熟料和适量的石膏及规定的混合材料制成的水硬性胶凝材料。水泥呈粉末状，在与水混合后，经物理化学变化成为固体材料，其坚硬度可与石材相媲美，且可塑性好，因此在很久以前就被用作建筑常用材料。在建筑工程中，常用的水泥有很多种，如硅酸盐水泥、普通硅酸盐水泥、矿渣硅酸盐水泥、火山灰质硅酸盐水泥、粉煤灰硅酸盐水泥、复合硅酸盐水泥等。

水泥加水拌和后，最初形成具有可塑性的浆体，然后逐渐变稠失去可塑性，这一过程称为凝结。此后强度逐渐提高，并变成坚硬的石状物体，这一过程称为硬化。

水泥凝结时间分为初凝和终凝。初凝时间为从水泥加水拌和起至水泥浆开始失去可塑性所需的时间，终凝时间则为从水泥加水拌和起至水泥浆完全失去可塑性并开始产生强度所需的时间。《通用硅酸盐水泥》（GB 175—2007）规定：硅酸盐水泥初凝不小于 45 min，终凝不大于 390 min；普通硅酸盐水泥、矿渣硅酸盐水泥、火山灰质硅酸盐水泥、粉煤灰硅酸盐水泥和复合硅酸盐水泥初凝不小于 45 min，终凝不大于 600 min。

水泥的强度是水泥性能好坏的重要指标，也是评定水泥强度等级的依据。《通用硅酸盐水泥》规定：水泥强度用软练法检验，即将水泥和标准砂按 1：25 的比例混合，加入规定数量的水，按规定方法制成标准尺寸的试件，在标准条件下养护后进行抗折、抗压强度试验，根据 3 d、7 d、28 d 龄期的强度，硅酸盐水泥的强度等级分为 42.5、42.5R、52.5、52.5R、62.5、

62.5R 六个等级。普通硅酸盐水泥的强度等级分为 42.5、42.5R、52.5、52.5R 四个等级。矿渣硅酸盐水泥、火山灰质硅酸盐水泥、粉煤灰硅酸盐水泥、复合硅酸盐水泥的强度等级分为 32.5、32.5R、42.5、42.5R、52.5、52.5R 六个等级。

2. 装饰水泥

使用装饰水泥比使用天然石材更容易得到所需的色彩和装饰效果。装饰水泥还有施工简便、造型容易、造价低廉、便于维修等特点。装饰水泥分为白色硅酸盐水泥和彩色硅酸盐水泥两种。

白色硅酸盐水泥简称白水泥，是以适当成分的生料，烧至部分熔融，加入适量的石膏，磨成细粉，制成白色水硬性胶结材料。按《白色硅酸盐水泥》（GB/T 2015—2017）规定，白色硅酸盐水泥分为特级、一级、二级、三级共四个等级。

在白色硅酸盐水泥加工过程中，掺入各类矿物颜料就形成了各种色彩的彩色水泥，常用的彩色水泥有红色、黄色、褐色、黑色、蓝色和绿色等。

3. 水泥使用要求

在使用水泥做装饰工程时，要注意水泥的保管，应当按品种、强度等级、出厂日期分别堆放整齐，做到先到先用，避免积压。防止水泥受潮，宜垫板堆放，防止漏雨，防止水泥结块、变硬，使用散装水泥时，要注意罐体密封。

二、石灰

建筑装饰工程上所用的石灰，是用含碳酸钙较多的石灰石经过 800 ～ 1 000 ℃煅烧而成，它的主要成分是氧化钙，又称生石灰。

工地上使用石灰时，通常将生石灰加水，使之分解为熟石灰即氢氧化钙，这个过程称为石灰的"熟化"。石灰在熟化过程中体积会增大 1 ～ 2.5 倍。调制抹灰砂浆时，需要将石灰熟化成石灰浆，即将生石灰在化灰池中加水溶解，通过网孔流入储灰池内。石灰浆在储灰池中沉淀并除去上层水分后，称为石灰膏。石灰浆应在储灰池中常温下陈伏不少于两周。在陈伏期间，石灰浆表面应保留一层水，以便与空气隔绝，避免碳化。

工地上另一种熟化方法是将生石灰熟化成熟石灰粉，方法是采用分层浇水法，每层石灰厚约 50 cm。熟化好的石灰粉称为消石灰粉。消石灰粉在工程中多用于拌制灰土、三合土和砌筑砂浆。

用石灰膏拌制的砂浆一般都具有较好的和易性，常用作基层上的底层灰和中层灰。石灰膏掺入麻刀均匀拌和成麻刀灰，可用做板条基层上的底层灰及各种基层上的中层及面层灰。石灰膏也可调制成刷墙用的大白浆。

三、石膏

1. 石膏的种类及用途

石膏是一种气硬性胶结材料。生石膏也称为二水石膏（$CaSO_4 \cdot 2H_2O$）。在 107 ～ 170 ℃的温度内，煅烧成半水石膏；若温度超过 190 ℃，则成为无水石膏。半水和无水石膏经磨细而成的粉末称为熟石膏，简称石膏。在建筑工程中常用的石膏有建筑石膏、模型石膏、地板石膏、高强度石膏四种（表 2-2）。

建筑石膏是洁白细腻的粉末，相对密度为 2.60 ～ 2.75。疏松体积质量为 800 ～ 1 000 kg/m³。

建筑石膏与适当的水混合，最初成为可塑性的浆体，但很快就失去塑性，这个过程称为凝结过程；以后强度迅速增大，并成为坚硬的固体，这个过程就是硬化过程。

建筑石膏可用于室内的装饰。它与石灰相比，更加洁白美观，具有隔热保温、吸声、防水、调解室内湿度等性能。但石膏不宜靠近 65 ℃以上的高温处，因为二水石膏在达到此温度后会脱水分解。

建筑石膏在硬化过程中体积膨胀约 1%，这一性质使石膏制品尺寸精确，表面和棱角光滑饱和，干燥时不开裂，可不加填充料而单独使用。利用石膏这一特性可制成形状复杂的装饰制件，如石膏花、装饰石膏线角、饰面板和石膏雕塑等。

表 2-2　石膏的种类及用途

类别	说明	主要用途
建筑石膏	生石膏在 107~170 ℃煅烧至半水石膏，这种石膏与水调和后，凝固很快	调制石膏砂浆做建筑配件，也可制成墙隔板（石膏板）
地板石膏	生石膏在 800 ℃以上煅烧，用水调和，强度较高	石膏地面；石膏灰浆、抹灰及砌墙用；石膏混凝土
模型石膏	生石膏在 190 ℃下煅烧，用水调和即可制模型，10 min 凝固	制作艺术品及室内饰物
高强度石膏	生石膏在 750 ～ 800 ℃煅烧，并加明矾共同研磨而成，成型后坚硬且不透水	可做人造大理石、石膏板、石膏砖等（可做防水石膏板）

石膏硬化后具有很强的吸湿性，在潮湿环境中，晶体间黏结力削弱，强度显著降低；遇水则晶体溶解而被损坏；吸水后受冻，将因孔隙中水分结冰而崩裂。因此石膏的耐水性和抗冻性都较差，不宜在室外装饰工程中使用。各种石膏都易受潮变质，但其变质的速度不一样，其中建筑石膏变质速度快，一般储存3个月后强度会降低30%左右，所以特别需要防止受潮和避免长期存放。

2. 室内装饰中常用的石膏板材

（1）纸面石膏板。纸面石膏板以建筑石膏为主要原料，掺加适量材料，如填充料、发泡剂、缓凝剂等，加水搅拌、浇筑、辊压，以石膏做芯材，两面用纸做护面制成。纸面石膏板生产工艺简单，生产效率高。其主要用于内墙、隔墙、吊顶等处的装饰工程中，使用比较广泛。

（2）石膏空心条板。石膏空心条板是以建筑石膏为主要原料，掺加适量轻质填充料或少量纤维材料，加水搅拌振捣成型、抽芯、脱模、烘干而成。这种石膏板不用纸、不用胶，强度高，工艺简单，生产效率高。石膏空心条板多用于住宅和公共建筑的内墙、隔墙等，安装时不需加龙骨。

（3）石膏装饰板。石膏装饰板是以建筑石膏为主要原料，掺加少量纤维增强材料和胶结材料，加水搅制而成。装饰板有平板、多孔板、花纹板、浮雕板等。它们尺寸精确、标准，线条清晰，造型美观，品种多样，施工方便，多用于公共建筑的吊顶工程。

（4）纤维石膏板。纤维石膏板是以建筑石膏为主要原料，掺加适量的纤维增强材料而制成。这种板的抗弯强度高，可用于内墙和隔墙，也可用来代替木材制作家具。这种板有一定的隔热及吸声功能。

四、砂石料

1. 砂

在泥水工程中，常用的是普通砂，还有配制特殊用途砂浆的石英砂。

（1）普通砂。普通砂是岩石风化后形成的，按产源可分为河砂、海砂及山砂；按平均粒径可分为粗砂（平均粒径0.5 mm以上）、中砂（平均粒径0.35～0.5 mm）、细砂（平均粒径0.25～0.35 mm）、特细砂（平均粒径0.25 mm以下）。抹灰用砂最好是中砂或粗砂与中砂混合用。砂在使用前应过筛，不得含有杂物。砂的含泥量不得超过3%。

（2）石英砂。石英砂分天然石英砂、人造石英砂和机制石英砂三种。人造石英砂和机制石英砂是将石英岩加以熔烧，经人工或机械破碎，筛分而成。它比天然石英砂纯净，而且二碳化硅含量也较高。

石英砂在抹灰工程中多用于配制耐腐蚀砂浆。

2. 石子

抹灰工程中常用的石子有石粒、砾石和石屑等。

（1）石粒。石粒主要由天然大理石破碎而成，主要用于装饰水刷石、水磨石、斩假石、干粘石等面层。

（2）砾石。砾石是自然风化形成的石子，也称豆石或细卵石。常用的粒径为5～10 mm；主要用于装饰抹灰水刷石面层及楼地面细石混凝土面层。

（3）石屑。石屑是粒径比石粒更小的细集料。主要用来配制外墙涂饰面用的聚合物砂浆。常用的有松香石屑、白云石屑等。

五、其他材料

1. 填充料

在胶结材料中还需要一些填充料，也称集料，主要指砂、石、纤维等。

（1）粗砂用于铺地，中砂用于抹灰，细砂用于面层。

（2）石粒可用于装饰抹灰，如水刷石、水磨石、斩假石等；砾石，是特细卵石，主要用于水刷石；石屑是粒径较细的集料，主要用于喷涂材料，如喷砂装饰、弹涂装饰等。

（3）纤维材料是指麻、纸筋、草结和玻璃丝等，这些纤维质集料在抹灰层中起拉结作用，提高抹灰层的抗拉强度。

2. 水

水在砂浆中起着重要的作用。在石灰或水泥中加入水后，一部分水发生化学反应，另一部分则起润滑作用，使石灰和水泥拌制而成的砂浆产生流动性、和易性，便于施工操作，并能得到质量均匀、密实的砂浆。在其他材料用量固定时，加水量的大小就直接影响砂浆的质量。水太少，和易性就差，太多又会降低强度。因此在混合砂浆的过程中必须按施工设计中规定的加水量配制。

抹灰砂浆所用的水必须是河、湖中的淡水，工业废水、污水、沼泽水、海水均不能使用。

3. 麻刀

麻刀在抹灰工程中起拉结和骨架的作用，能提高抹砂灰的抗拉强度，增强抹灰层的弹性和耐久性，使灰层不易出现裂缝而脱落。麻刀以均匀、坚韧、干燥、不含杂质为好，长度为 2 ~ 3 cm。使用前将其敲打松散，每 50 kg 石灰膏掺 0.5 kg 麻刀，搅拌均匀成麻刀灰。室内顶棚打底要适当增加麻刀。

4．108胶

108 胶即聚乙烯醇，是一种不由单体聚合而通过聚醋酸乙烯酯水解得到的水溶性聚合物。聚乙烯醇是白色片状、絮状或粉末状固体，其物理性质受化学结构、醇解度、聚合度的影响。

108 胶是建筑万能胶，广泛用于黏结各种涂塑壁纸、瓷砖、内墙喷涂、外墙喷涂、滚涂、刷涂、粘面、喷粘砂、水磨石等。在水泥或水泥砂浆中掺入适量胶可显著改善砂浆的性能。

108 胶在建筑装饰中具有很高的使用价值，它不仅可用于调制腻子、胶粘剂、聚合物、水泥浆等，而且可改进传统饰面做法，因而熟悉和掌握 108 胶的应用性能、特点十分必要。108 胶有如下应用性能和特点：

（1）黏结强度：108 胶可以代替一般的植物胶。当粘贴时，其黏结浓度高于国外的同类胶。在水泥砂浆中掺入适量的 108 胶，对砂浆基层和加气混凝土基层黏结强度均有明显提高。

（2）防菌性：108 胶本身含有游离甲醛，因此具有一定的防菌性。

（3）吸水性：在石膏板或加气混凝土板涂 108 胶：水＝1∶（2 ~ 3）的 108 胶时，可明显地减缓板的吸水速度。因此有利于这类墙板进行饰面操作及抹灰砂浆中水泥的硬化。

（4）耐磨性：水泥浆中加入 108 胶后，涂刷在墙板面所形成的涂层的耐磨性大大提高。

（5）防止开裂：在墙面及地面涂层中掺入 108 胶可有效防止涂层产生开裂现象。

第三节　石材

饰面石材是将天然石材或人造石材加工成一块块的板材，通过镶贴或铺装的方法贴在墙面或地面上。饰面石材主要分两大类：一类是天然石材，另一类是人造石材。

一、天然石材

天然石材是最古老的建筑材料之一。世界上有许多著名的古建筑是由天然石材建造而成的。近几十年来，钢筋混凝土的应用与发展很大程度上代替了天然石材，但在建筑装饰领域，天然石材一直是装饰材料中的上品，其在装饰中仍有广泛应用。其中，运用最普遍的主要有花岗石和大理石这两大类石材。天然石材在地球表面蕴藏丰富，分布广泛，便于就地取材。在性能上，天然石材具有抗压强度高、耐久、耐磨等特点。

1．花岗石

花岗石属火成岩中分布最广泛的一种岩石，其主要矿物成分为石英、长石及少量暗色矿物和云母。花岗石是全晶质的（岩石中所有成分皆为结晶体），按结晶颗粒大小的不同，可分为细粒、中粒、粗粒及斑状等多种。花岗石的颜色由造岩矿物决定，通常呈红、黄、黑、灰等颜色。优质花岗石晶粒细，构造密实，石英含量多，云母含量少，不含有害的黄铁矿等杂质，长石光泽明亮，没有风化迹象。

花岗石饰面板厚度规格有 20 mm、25 mm、30 mm、40 mm、60 mm 等，还可以加工成需要的规格和图案，长宽规格可以根据需要裁制（图 2-1）。

（a）水切割机造型雕刻加工

（b）石材雕刻效果

图2-1　对石材进行水刀切割

花岗石饰面板的表面还可以进行一些艺术处理，如喷砂处理、烧毛处理、烧毛上光处理、剁板处理、雕刻处理等（图2-2）。

由于花岗石耐磨抗风化，因此常被用于建筑外观装饰和地面装饰（图2-3）。

图2-2　花岗石浮雕外墙立面

图2-3　花岗石装饰的外墙立面

花岗石的技术特性是密度大（2 500 ～ 2 800 kg/m³），抗压强度高（120 ～ 250 MPa），孔隙率小，吸水率低（0.1% ～ 0.7%），耐磨性好，耐久性高。由于花岗石质地坚硬、耐磨、耐酸、耐久，外观稳重大方，所以被公认为高级装饰材料。花岗石多用于建筑的外墙、内墙、地面、柱子、踏步、勒角等部位的装饰，具有良好的装饰效果。

花岗石品种及色泽很丰富，具体的花色可参考表2-3。

表2-3　国产花岗石常见品种

品 名	花色特征	产 地
白虎涧	肉粉色带黑斑	北京市
将军红	黑色棕红浅灰间小斑块	湖北省
芝麻青	白底黑点	湖北省
济南青	纯黑色（辉长岩）	山东省
莱州棕黑	黑底棕点	山东省
莱州红	粉红底深灰点	山东省
黑花岗石	黑色，分大、中、小花	山东省
泰安绿	暗绿色（花岗闪长岩）	山东省
莱州白	白色黑点	山东省
莱州青	黑底青白点	山东省
红花岗石	紫红色或红底起白花点	山东省、湖北省

2. 大理石

大理石是由石灰岩或白云岩变质而成，其主要矿物成分仍然是方解石或白云石。变质后大理石中结晶颗粒直接结合，呈整体构造，所以抗压强度高（100 ～ 300 MPa），质地细密，硬度不大，比花岗石易于雕琢磨光。纯大理石为白色，在我国常称汉白玉、雪花白等。大理石中如含有氧化铁、云母、石墨、蛇纹石等杂质，则会使石板呈现红、黄、绿、棕黑等各种纹理。

大理石品种繁多、石质细腻、光泽好，常用于高档建筑饰面的装饰，如室内的墙面、柱面、雕刻及家具中的台板、柜台等部位。大理石一般有杂质，且碳酸钙在大气中易分解，因此不宜用于室外装饰，常用于室内装饰（图2-4）。

大理石加工方式同花岗石一样，由荒料切片研磨、抛光及切割而成，经过加工的大理石板材表面光洁如镜，给人以华贵的感觉，常用的大理石品种和规格见表2-4和表2-5。

图2-4　大理石在室内装饰中的应用

表 2-4　国产大理石常见品种

名称	特　点	产地
汉白玉	玉白色，微有杂点和脉	北京、湖北
晶白	白色晶体，细致而均匀	湖北
雪云	白和灰相间	广东云浮
影晶白	乳白色，有微红至深赭的皱纹	江苏高资
风雪	灰白间有深灰晕带	云南大理
冰浪	灰白色，均匀粗晶	河北曲阳
凝脂	猪油色底，稍有深黄细脉，偶带透明杂晶	江苏宜兴
彩云	浅翠绿色底，深浅绿絮状相渗，有紫斑和脉	河北鹿泉
云灰	白或浅灰底，有烟状或云状黑灰纹带	北京房山
晶灰	灰色微赭，均匀细晶，间有灰条纹或赭色斑	河北曲阳
驼灰	土灰色底，有深黄赭色，浅色疏脉	江苏苏州
海涛	浅灰底，有深浅间隔的青灰色条状斑带	湖北
象灰	象灰底，杂细晶斑，并有细黄色细纹络	浙江潭浅
艾叶青	青底，深灰间白色叶状斑云，间有片状纹缕	北京房山
残雪	灰白色，有黑色斑带	河北铁山
骤青	深灰色底，满布黑白相间螺纹状花纹	北京房山
晚霞	石黄间土黄叠底，有深黄叠脉，间有黑晕	北京顺义
蟹青	黄灰色，遍布深灰或黄色砾斑，间有白灰层	湖北
虎纹	赭色底，有流纹状石黄色经络	江苏宜兴
灰黄玉	浅黑灰底，有浅红色、黄色和浅灰脉络	湖北大冶
锦灰	浅黑灰底，有红色和灰白色脉络	湖北大冶
电花	黑灰底，满布红色间白色脉络	浙江杭州
桃红	桃红色，粗晶，有黑色缕纹或斑点	河北曲阳
银河	浅灰底，密布粉红脉络杂有黄脉	湖北下陆
秋枫	灰红底，有血红晕脉	江苏南京
砾红	浅红底，满布白色大小碎石块	广东云浮
岭红	紫红碎螺脉，杂以白斑	辽宁铁岭
紫螺纹	灰红底，满布红灰相间的螺纹	安徽灵璧
螺红	绛红底，间有红灰相间的螺纹	辽宁金县
红花玉	肝红底，间有大小浅红碎石块	湖北大冶
五花	绛紫底，遍布绿青灰色或紫色大砾石	江苏、河北
墨壁	黑色，杂有少量浅黑陷斑或少量土黄纹缕	河北鹿泉
星夜	黑色，间有少量脉络或白斑	江苏苏州

表 2-5　大理石常用定型规格　　单位：mm

长	宽	厚	长	宽	厚
300	150	20	1 200	900	20
300	300	20	305	152	20
400	200	20	305	305	20
400	400	20	610	305	20
600	300	20	610	610	20
600	600	20	915	610	20
900	600	20	1 067	762	20
1 070	750	20	1 220	915	20
1 200	600	20			

　　花岗石与大理石的纹理效果不同。花岗石的结晶体呈颗粒状，有斑点花纹；大理石石质细腻，有美丽花纹（图 2-5）。

（a）大理石：啡网石、莎安娜米黄、大花白、黑晶玉

（b）花岗石：芝麻灰、印度红、黑金沙、金钻麻

图 2-5　花岗石、大理石不同纹理效果

二、人造石材

人造石材又称合成石，是以天然石材碎料或粉料作为精、细基料，加入无机或有机胶凝材料作为胶粘剂，经加工而成的装饰石材。

1．人造石材的特点

人造石材具有以下四个优点：

（1）密度小、强度大。某些种类的人造石材体积密度只有天然石材的一半，强度却较高，抗折强度可达30 MPa，抗压强度可达110 MPa。人造饰面石材厚度一般为18～20 mm，较薄的为8～10 mm。通常不需专用锯切设备锯割，可一次成型为板材。

（2）色泽鲜艳、花色繁多。人造石材的色泽可根据设计意图制作，可仿天然花岗石、大理石或玉石，色泽花纹可达到以假乱真的程度。

（3）耐腐蚀、耐污染。天然石材或耐酸或耐碱，而聚酯型人造石材，既耐酸又耐碱，同时对各种污染具有较强的耐污力。

（4）加工、施工方便。人造饰面石材可钻、可锯、可黏结，加工性能良好。还可直接制成弧形、曲面等天然石材较难加工的几何形状。

人造石材有以下三个缺点：

（1）人造石材与天然石材相比，缺少了自然天成的纹路和肌理，由于同类型石材色泽与纹路完全一样，视觉上略有生硬的感觉。

（2）个别品种价格偏高。目前市场上的人造石材主要是进口或合资生产的，价格一般为300～500元／m²。

（3）个别板材耐刻划能力较差，或在使用中产生翘曲、变形。

2．人造石材的分类

（1）水泥型人造石材。水泥型人造石材是以各种水泥为胶粘剂，砂为细集料，碎大理石、花岗石、工业废渣等为粗集料，经配料、搅拌、成型、加工蒸养、磨光、抛光而制成。建筑装饰中，水磨石就是此类型人造石材。

（2）聚酯型人造石材。聚酯型人造石材多以不饱和聚酯树脂为胶粘剂。与天然碎石、石粉等搅拌混合，经浇捣成型，在固化剂作用下产生固化作用，经脱模、烘干、抛光等工序而制成。这种方法在国际上比较流行。目前，我国也多用此法生产人造石材。

（3）复合型人造石材。复合型人造石材的胶粘剂中既有无机材料，又有有机高分子材料。用无机材料将填料黏结成型，再将坯体浸渍于有机单体中，使其在一定条件下聚合。对板材而言，底层用低价而性能稳定的无机材料，面层用聚酯和石粉制作。

（4）烧结人造石材。烧结方法与陶瓷工艺相似。将斜长石、石英、辉石、方解石和赤铁粉及部分高岭土等混合，一般配比为黏土40%、石粉60%，用泥浆法制备坯料，用半干压法成型，在窑炉中以1 000℃左右的温度焙烧。

3．新型人造石材——微晶石材

微晶石材是新型人造石材，又称微晶玻璃、玉晶石、水晶石，是采用天然无机材料、应用受控晶化高技术而得到的多晶体，其特点是结构致密、高强、耐磨、耐腐蚀、无放射性污染，在外观上纹理清晰、色泽鲜艳、无色差、不褪色。目前微晶石材常用于墙面、地面、柱面、楼梯、墙裙、踏步等处装饰。微晶石材比天然石材更具优越性。

第四节 木材

木材在建筑及装饰工程中的应用历史悠久，用途广泛，这和木材本身的特点有关。木材轻质、高强，弹性、韧性好，易加工，有其独特的纹理和颜色。但木材的湿胀干缩、易燃易腐等缺点也广为人知。现代建材制造业充分掌握木材这一特点，制造出各种使用功能的装饰型材，使木材得到充分的利用。

一、木材的种类

1．针叶树

针叶树树叶细长如针，多为常绿树，树干通直而高大，纹理平顺，材质均匀，木质较软而易于加工，故又称"软木材"。针叶树木材是主要的建筑用材，广泛用于各种构件、装饰部件，常用的树种有红松、落叶松、云杉、冷杉、柏木等。

2．阔叶树

阔叶树树叶宽大，叶脉成网状，大都为落叶树，树干通直部分一般较短，大部分树种的体积密度大，材质较硬，较难加工，故又称"硬木材"。建筑上常用作尺寸较小的构件，常用的树种有榉木、柞木、水曲柳、榆木以及质地较软的桦木、椴木等。由于阔叶树木材纹理美观、色彩艳丽，具有很好的装饰性，故常用于现代的实木家具制造、地板、胶合板面层饰面等。装饰中常用的国内树种及其性能见表2-6，国外常见树种及其性能见表2-7。

表 2-6 国内常见树种及其性能

针叶树			阔叶树		
树种	硬度	性能	树种	硬度	性能
杉木	软	纹理直、结构细、质轻、耐腐	黄菠萝	略硬	纹理直、花纹美、收缩小
白松	软	纹理直、结构细、质轻	柞木	硬	纹理斜行、结构粗、光泽美
鱼鳞云杉	略软	纹理直、结构细、有弹性	色木	硬	纹理直、结构细、质坚
臭冷杉	软	纹理直、结构细、易加工	桦木	硬	纹理斜、有花纹、易变形
泡杉	软	纹理直、结构细、质轻	椴木	软	纹理直、质坚耐磨、易裂
红松	甚软	纹理直、耐水、耐腐、易加工	樟木	略硬	纹理斜或交错、质坚实
马尾松	略硬	结构略粗、不耐油漆	山杨	甚软	纹理直、质轻、易加工
柏木	略硬	纹理直、结构细、结构坚韧	木荷	硬	纹理直或斜、质轻、易加工
油杉	略软	纹理粗而不匀	楠木	略硬	纹理斜、质细、有香气
铁坚杉	略软	纹理粗而不匀	榉木	硬	纹理直、结构细、花纹美
落叶松	软	纹理粗而不匀、质坚、耐水	黄杨木	硬	纹理直、结构细、材质有光泽
水曲柳	略硬	纹理直、花纹美、结构细	泡桐	硬	纹理直、质轻、易加工
银杏	软	纹理直、结构细、易加工	麻栎	硬	纹理直、质坚耐磨、易裂

表 2-7 国外常见树种及其性能

树种	产地	性能	树种	产地	性能
洋松	美国	纹理直、结构致密、易干燥	紫檀	南亚	纹理斜、极细密、不易加工
柚木	南亚	纹理直、含油质、花纹美、耐久	花梨木	南亚	纹理粗、结构密、花纹美
柳桉	东南亚	纹理直、有带状花纹、易加工	乌木	南亚	纹理细密、质坚硬、耐磨损
红檀木	东南亚	纹理斜、质坚、有光泽、不易加工	桃花心木	中美洲	纹理斜、花纹美、易加工

二、木材的构造

树干由树皮、形成层、木质部（即木材）和髓心组成。有些木材，在树干的中部颜色较深，称心材；

在边部颜色较浅，称边材。针叶树材主要由管胞、木射线及轴向薄壁组织等组成，排列规则，材质较均匀。阔叶树材主要由导管、木纤维、轴向薄壁组织、木射线等组成，构造较复杂。由于组成木材的细胞是定向排列，形成顺纹和横纹的差别。横纹又可区别为与木射线一致的径向和与木射线相垂直的弦向。针叶树材一般树干高大，纹理通直，易加工，易干燥，开裂和变形较小，适于做结构用材。某些阔叶树材，质地坚硬、纹理色泽美观，适于做装饰用材。

三、木材的物理特性

1. 密度

木材密度是指单位体积木材的重量。木材的重量和体积均受含水率影响。木材试样的烘干重量与其饱和水分时的体积、烘干后的体积及炉干时的体积之比，分别称为基本密度、绝干密度及炉干密度。木材在气干后的重量与气干后的体积之比，称为木材的气干密度。木材密度随树种而异。大多数木材的气干密度为 0.3 ～ 0.9 g/cm³。密度大的木材，其力学强度一般较高。

2. 含水率

木材含水率是指木材中水重占烘干木材重的百分数。木材中的水分可分为两部分，一部分存在于木材细胞壁内，称为吸附水；另一部分存在于细胞腔和细胞间隙之间，称为自由水（游离水）。当吸附水达到饱和而尚无自由水时，称为纤维饱和点。木材的纤维饱和点因树种而有差异，为 23% ～ 33%。当含水率大于纤维饱和点时，水分对木材性质的影响很小。当含水率自纤维饱和点降低时，木材的物理和力学性质随之发生变化。木材在大气中能吸收或蒸发水分，与周围空气的相对湿度和温度相适应而达到恒定的含水率，称为平衡含水率。木材平衡含水率随地区、季节及气候等因素而变化，为 10% ～ 18%。

3. 胀缩性

木材吸收水分则体积膨胀，丧失水分则体积收缩。木材自纤维饱和点到炉干的干缩率，顺纹方向约为 0.1%，径向为 3% ～ 6%，弦向为 6% ～ 12%。径向和弦向干缩率的不同是木材产生裂缝、翘曲的主要原因。

四、木材的力学特性

木材有很好的力学性质，但木材是有机各向异性材料，顺纹方向与横纹方向的力学性质有很大差别。木材的顺纹抗拉和抗压强度均较高，但横纹抗拉和抗压强度较低。木材强度还因树种而异，并受木材缺陷、荷载作用时间、含水率及温度等因素的影响，其中以木材缺陷及荷载作用时间两者的影响最大。因木节尺寸和位置不同，受力性质（拉或压）也不同，有节木材的强度比无节木材低30%～60%。在荷载长期作用下，木材的长期强度一般只有瞬时强度的一半。

五、木材的加工处理和应用

除直接使用原木外，木材都加工成板方材或其他制品使用。为减小木材使用中发生变形和开裂，通常板方材须经自然干燥或人工干燥。自然干燥是将木材堆垛进行气干。人工干燥主要用干燥窑法，也可用简易的烘、烤方法。干燥窑是一种装有循环空气设备的干燥室，能调节和控制空气的温度、湿度。经干燥窑干燥的木材质量好，含水率可低至10%以下。使用中易于腐朽的木材应事先进行防腐处理。用胶合的方法能将板材胶合成为大构件，用于木结构、木桩等。木材还可加工成胶合板、碎木板、纤维板等。

在古建筑中木材广泛应用于寺庙、宫殿、寺塔以及民房建筑中。我国现存的古建筑中，最著名的有山西五台山佛光寺东大殿，建于857年；山西应县木塔，建于1056年，高达67.31 m。在现代土木建筑中，木材主要用于建筑木结构、木桥、模板、枕木、门窗、家具、建筑装饰等。

在室内装饰中常用的基层板材有细木工板、九合板、五合板、密度板等，面层装饰主要用木材贴面的方法，可以对拼造型或勾缝来丰富装饰面（图2-6）。

图2-6　木材在室内设计中的对拼效果

第五节　陶瓷

陶瓷是指建筑物室内外装饰用的烧土制品。

一、釉面砖

在陶土砖坯上挂釉，然后烧制成釉面砖。釉面砖的色彩较稳定，经久不变，且吸水率较低，因此常被用作潮湿的室内墙面的装饰，如卫生间、厨房等。

1. 室外釉面砖

室外釉面砖外形规格薄而小，质地坚实，色彩多样，耐酸、耐碱，不渗水，吸水率低，不易破碎，通常适用于室外的墙面装饰（图2-7）。

图2-7　室外釉面砖的墙面装饰

2. 室内釉面砖

由于釉面砖光洁、平整、不粘油腻和易清洁的特点，因此被广泛用于室内的墙面，尤其是厨房与卫生间的墙地面。特别是在潮湿和有油腻的地方，用釉面砖饰面，更利于清洁，因此深受人们喜爱。这类釉面砖通常比室外釉面砖要大些，其色彩多种多样，规格也有多种选择。除此之外，室内釉面砖还有配套产品，如角线砖、腰线砖等（图2-8）。

二、陶瓷壁饰

在环境艺术设计中，设计师经常使用陶瓷壁饰进行界面装饰。

陶瓷壁饰是以釉面砖或陶板等为原料制作而成的，具有浑厚古朴、色彩多样等特点，且耐酸、耐碱、耐摩擦，抗污染，它既适用于室内，也适用于室外，如北京九龙壁就是典型的陶瓷壁饰（图2-9）。陶

图2-8　用室内釉面砖装饰的卫生间墙面

图2-9　九龙壁

瓷壁饰不是对原画的简单复制，而是艺术的再创作，可以运用多种技法和技术，如采用刻板、点釉、烧制等技术，使壁饰产生丰富多彩的艺术效果。

三、陶瓷马赛克

陶瓷马赛克是以优质瓷土烧制的片状小瓷砖，质地坚硬，经久耐用，色泽多样，耐酸、耐碱、耐火、抗磨、抗渗水，抗压力强、吸水率小，在 -20℃温度下无开裂现象，样式繁多（图2-10）。

陶瓷马赛克产品在出厂之前都按各种图案粘贴在牛皮纸上，每张约 30 cm 见方，其面积约为 0.093 m²，重量约为 0.65 kg，每 40 张为一箱。

四、玻化砖

玻化砖是近年来投放市场的新型装饰面砖，具有高光度、高硬度、高耐磨、吸水率低、色差小以及规格多样化和色彩丰富等特点。这种面砖装饰在墙面或地面上有显著的隔声、隔热功能。而且这种材料比天然石材轻，是新一代的天然石材替代产品。

干燥压制是玻化砖成型生产的主要工序，坯料在全自动油压机中压制成型，然后进入高温绝热百米长全自动辊道式窑炉，在 1 200 ℃ 的高温下产生玻化质烧制成品，最后由全自动抛光机将砖体表面磨光，使玻化砖表面光滑平整。它适用于室内外墙面与地面装饰（图2-11）。

图2-10　拼制的陶瓷马赛克花样

图2-11　玻化砖在室内装饰中的应用

第六节　金属板材

金属板材是近几年发展起来的饰面材料，种类比较多，从材料性质上分为不锈钢、铜、铝、复合材料等。

一、不锈钢板材

不锈钢薄板经特殊表面处理后，可做成各种装饰效果的材料，有镜面的，有粉面亚光的，有拉丝的，有凹凸压花的，有经化学处理后还可有一定色彩的（如钛金不锈钢等）。不锈钢薄板耐火、耐潮、耐腐蚀，变形小，安装方便，常用于高档装饰工程中壁面、柱面、顶棚、门厅的装饰（图2-12）。

不锈钢装饰常用规格有400 mm×400 mm、500 mm×500 mm、60 mm×1 200 mm、1 000 mm×3 000 mm，厚度为0.4～1.5 mm。不锈钢薄板经折板加工后，还可做成各种装饰的饰线和收边材料。

二、铝板

铝板又称铝合金板，主要有三种类型：第一种是纯铝板，它是用纯铝经辊压冷加工成金属材料，再经剪裁、焊接、涂覆面层做成铝质部件，主要装饰在外墙和吊顶（图2-13）；第二种是用铝合金材料经挤出工艺做成的型材，用于室外墙面或室内吊顶（图2-14）；第三种是卷边工艺做成的特定形状的装饰板材。

除此之外，还有铝合金面材和高分子基材复合而成的装饰罩面材料，一般称其为铝塑板（又有称美铝曲板）。由于这种材料表面色彩多样，且表面处理方式多样，装饰效果好，又有重量轻、强度好、耐腐蚀、经久耐用等良好性能，因此深受人们的喜爱（图2-15）。

图2-12　不锈钢板材装饰的楼梯和柱体

图2-13　铝板在室内装饰中的应用

图2-14　用微孔铝板加工成的吊顶装饰

（a）铝塑板装饰的建筑外立面

（b）铝塑板装饰的室内吊顶

图2-15　铝塑板在室内外装饰中的广泛应用

第七节 玻璃

一、玻璃的组成

玻璃是无定型非结晶体，为均质的各向同性材料。玻璃是以石英砂、纯碱、长石、石灰石等为主要原料，在 1 550 ～ 1 600 ℃高温下熔融成型，并经急冷而制成的固体材料。为满足特种环境的需要，常在玻璃原料中加入某些辅助性原料，或经特殊工艺处理等，制成具有各种特殊性能的特种玻璃。

玻璃的化学成分很复杂，主要有二氧化硅（SiO_2），含量为72%左右；氧化钠（Na_2O），含量为15%左右；氧化钙（CaO），含量为9%左右；另外还含有少量的三氧化二铝（Al_2O_3）、氧化镁（MgO）等。这些氧化物在玻璃中具有十分重要的作用。

二、玻璃的性质

1. 玻璃的密度

普通玻璃的密度为 2.45 ～ 2.55 g/cm³，其相对密度 $d=1$，孔隙率 $P=0$，故可以认为玻璃是绝对密度的材料。

2. 玻璃的光学性质

玻璃具有优良的光学性质，所以广泛用于建筑采光和装饰，也用于光学仪器和日用器皿等。光线射入玻璃，玻璃表现出透射、反射和吸收的性质。光线能透过玻璃的性质称为透射；光线被玻璃阻挡，按一定角度反射出为反射；光线通过玻璃后，一部分光能量被消耗称为吸收。

三、标准玻璃

标准玻璃一般指大量使用的常规规格玻璃，包括平板玻璃和压花玻璃。

1. 平板玻璃

平板玻璃常用于门窗，主要作用为透光、挡风和保温。一般的计量单位采用标准箱，其主要性能规格参数见表2-8。

2. 压花玻璃

压花玻璃又称花纹玻璃或滚花玻璃。分为一般压花玻璃、真空镀膜压花玻璃、彩色膜压花玻璃等。一般压花玻璃是在玻璃成型过程中，使塑性状态的玻璃带通过一对刻有图案花纹的辊子，对玻璃的表面连续压延而成；真空镀膜压花玻璃是经真空镀膜加工而成；彩色膜压花玻璃是采用有机金属化合物或无机金属化合物进行热喷涂而成。压花玻璃种类繁多，图案有大有小，纹有粗细，极富装饰性（图2-16）。

表 2-8 玻璃规格表

	规格 /mm	质量等级	附注
1	300×900	特选品	
	400×1 600		在长宽尺寸范围内，每隔50 mm 为一进级，但长度不得超过宽度的2.5倍；凡不属于经常生产的尺寸或宽度和长度超出上述范围的均属特殊规格
2	300×900	一级品	
	400×1 600		
3	400×1 600	一级品	
	600×2 000		
4	400×1 800	二级品	
	600×2 200		
5	1 000×2 400	二级品	
	1 200×3 000		

图2-16 压花玻璃

四、艺术玻璃

1. 彩色平板玻璃

彩色平板玻璃又称有色玻璃或饰面玻璃，分为透明和不透明两种。透明的彩色玻璃是在平板玻璃中加入一定量的着色金属氧化物，在玻璃的表面进行二次艺术加工成为艺术玻璃。不透明彩色玻璃又称饰面玻璃，其表面加工的方式多种多样。彩色玻璃的颜色有茶色、海蓝色、宝石蓝色、翡翠绿等。有采用蚀刻工艺制成的刻花玻璃，有将玻璃与其他材料经加热烧熔结合而成的热熔玻璃，还有将玻璃经机械加工而成的车花玻璃。彩色平板玻璃主要用于建筑物的内外墙、门窗装饰及对光线有特殊要求的部位（图2-17）。

2. 激光玻璃

激光玻璃是以玻璃为基材的新型装饰材料，它的特征在于经特种工艺处理，玻璃背面出现全息光栅或几何光栅，在阳光或灯光等光源照射下形成物理衍射分光，经金属反射后会出现艳丽的七色光，且同一感光点或面因光源射入角的不同而出现不同的色彩变化，使被装饰物显得华贵高雅、富丽堂皇、梦幻迷人。

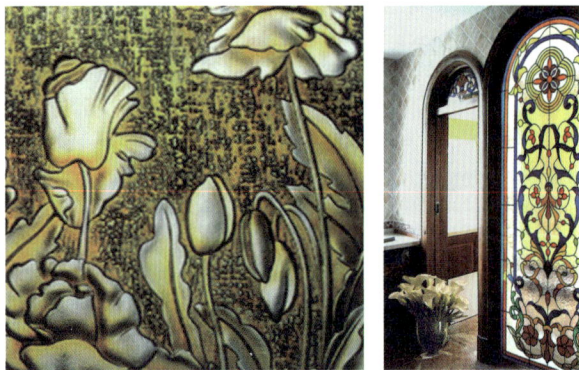

图2-17　艺术玻璃

激光玻璃不仅能像大理石一样，可用来装饰桌面、茶几、柜橱、屏风等，使这些家具充满现代艺术气息，而且可用来装饰居室的墙、顶、角等空间，使之蕴涵浓郁的生活情趣。

激光玻璃作为新潮装饰材料，除具有较好的美感功能外，还有很强的实用价值。与其他装饰材料相比，其优越性表现为：抗老化寿命比塑料装饰材料高 10 倍以上，使用寿命可达 50 年之久；抗冲击、耐磨、硬度等强度指标都大大超过普通大理石，可与高档大理石相媲美；特别是它多彩的艺术形象，可为家庭营造一种温馨的气氛，这更是其他装饰材料所不及的。

3. 磨砂玻璃

磨砂玻璃是指经研磨、喷砂或氢氟酸溶蚀等加工，使表面成为均匀粗糙的平板玻璃。用硅砂、金刚砂、石榴石粉等做研磨材料，加水研磨制成的称为磨砂玻璃；用压缩空气将细砂喷射到玻璃表面而制成的称为喷砂玻璃；用酸溶蚀的称为酸蚀玻璃。磨砂玻璃表面粗糙，透光不透视，使室内光线不炫目、不刺眼。利用喷砂原理将某些图案用粘贴纸事先贴好，再喷砂使玻璃产生有光有毛的图案，这种玻璃具有一定的装饰效果，可用作门窗及隔断（图2-18）。

图2-18　磨砂玻璃做隔断

4. 玻璃砖

玻璃砖有空心砖和实心砖两种。实心砖是采用机械压制方法制成的；空心砖是采用箱式模具压制而成的，即两块玻璃加热熔解成整体的空心砖，中间充以干燥空气，经退火，最后涂饰侧面而成。

空心砖有单孔和双孔两种。在玻璃砖内侧做成各种花纹，赋予它特殊的采光性。玻璃砖按其性能分为使外来光向外扩散的扩散性玻璃砖和使外来光向一定方向折射的指向性玻璃砖；按形状分为正方形玻璃砖、矩形玻璃砖及各种异型产品。

玻璃砖具有绝热、隔声、耐水、耐火、强度高等特点，适合建筑物的内外隔墙、淋浴隔断、门厅、通道等部分的装饰，特别适用于图书馆、体育馆、展览馆等，用以控制透光、眩光及太阳光（图 2-19）。

图2-19　玻璃砖在室内的应用

五、特殊玻璃

特殊玻璃一般是指经特殊处理而具有某种特性的玻璃，如有保温功能的中空玻璃、有防爆裂功能的夹层玻璃、有高强度的钢化玻璃、有热反射功能的镀膜玻璃等。

1. 中空玻璃

中空玻璃是指把两片或多片玻璃的边部密封后，中间空腔内充入干燥气体的玻璃。其具有良好的保温、隔热、隔声的性能。用于制作中空玻璃的原材料有多种类型，可以是无色浮法玻璃，可以是彩色玻璃，可以是热反射玻璃，也可以是压花玻璃、夹丝玻璃和钢化玻璃等。

2. 夹层玻璃

夹层玻璃属于安全玻璃，是用两片或两片以上平板玻璃或钢化玻璃通过夹透明黏膜，经热压黏合而成。由于使用黏膜热压在玻璃与玻璃之间，使得玻璃在破碎时，碎片不能飞溅伤人，因而被称为安全玻璃。这种玻璃抗冲击强度高，选择不同原片可得到不同要求的夹层玻璃，防弹、防爆玻璃均属夹层玻璃类。

3. 夹丝玻璃

夹丝玻璃也是安全玻璃的一种，是将预先编织好的钢丝网压入经软化后的红热玻璃中制成的。钢丝网起增强作用，使夹丝玻璃抗折强度和耐温度剧变性都比普通玻璃高，破碎时即使有许多裂缝，但其碎片仍附着在钢丝网上，不致四处飞溅而伤人。夹丝玻璃可用于公共建筑的阳台、走廊、防火门、楼梯间、电梯井、厂房天窗、各种采光屋顶等。

4. 冰裂玻璃

冰裂玻璃是一种复合夹层玻璃，中间的钢化玻璃人为破碎后，在灯光照射下会产生一种如冰似玉的效果，使人感到心旷神怡。这种玻璃具有色彩鲜艳、不褪色、安全性能好、美观等特点，广泛应用于酒店、宾馆、娱乐场所的装饰以及家庭推拉门和隔断等装饰（图2-20）。

图2-20 冰裂玻璃装饰的隔断

5. 钢化玻璃

钢化玻璃也属于安全玻璃，它是利用加热到一定温度后迅速冷却的方法或化学方法进行特殊处理的玻璃，其特点是强度高，抗冲击性好，具有安全性，即使被击碎，碎片呈颗粒状，不具有锐棱尖角，因此较普通玻璃安全。

钢化玻璃制品有平面钢化玻璃、曲面钢化玻璃、半钢化玻璃、区域钢化玻璃等。平面钢化玻璃主要用作建筑装饰工程的门窗、隔墙与幕墙，以及家具中的层板、桌面等。钢化玻璃不能切割、磨削，边角不能碰击扳压，使用时需按现成尺寸规格选用或提供设计图纸进行加工定制。

6. 镀膜玻璃

镀膜玻璃又称热反射玻璃，重量与其他材料相比相对较轻，且具有隔热、隔声等功能，是玻璃幕墙装饰的首选材料。镀膜玻璃色彩丰富，有金色、银色、灰色、绿色、蓝色等（图2-21）。

图2-21 镀膜玻璃装饰的建筑外观

第八节 其他装饰材料

建筑装饰材料除胶结材料、石材、木材、陶瓷、金属板材、玻璃之外，还包括壁纸、壁布、地毯等。

壁纸和壁布是用途最广泛的墙面装饰材料之一，除具有良好的装饰功能之外，还有吸声、隔热、防火、防菌、防霉、防灰、防水等功能。此外，地毯作为一种装饰材料，在工作和生活中的应用也非常广泛。

一、壁纸

很多人在装饰居室墙面时想处理得丰富些、风格突出些，最经济的方法就是选择个性壁纸了。由于壁纸有强烈装饰效果，所以被越来越多的人所喜爱。现在市场上的壁纸种类繁多，风格各异，可以大致分为以下几类。

1. 纸基涂料壁纸

纸基涂料壁纸是以纸为基层，用高分子乳液涂布面层，经印花、压制花纹等工艺制成的壁面装饰材料。其特点是耐磨、透气性好、颜色多、花型多、质感好，因而深受欢迎（图2-22）。纸基涂料壁纸施工操作简单、工期短、工效高、成本相对较低，主要用于宾馆、饭店、住宅。

2．发泡壁纸

采用发泡材料做壁纸涂面的发泡壁纸，能产生凹凸较为明显的花纹，具有强烈的立体感，且有吸声效果，装饰效果也比较好。使用此类壁纸时对墙面的要求可以低一些，此类壁纸主要用于较低档住宅的内墙装饰（图2-23）。

3．塑料壁纸（PVC壁纸）

塑料壁纸通常分为胶面纸基壁纸、普通壁纸等。普通壁纸用纸做基材，涂PVC糊状树脂，再经印花、压花而成。这种壁纸常分为平光印花、有光印花、单色压花、印花压花等几种类型。此类壁纸由于燃烧后产生有害气体，根据要求在欧洲国家是不能使用在儿童房间的。这种壁纸是目前我国建材市面上最常见的壁纸，生产厂家繁多，价格跨度大，选择性大，被广泛用在公共场所（图2-24）。

4．无纺壁纸

无纺壁纸是由棉、麻等天然纤维或涤腈等合成纤维，经过压延无纺成型，涂上树脂或印刷上彩色花纹而成的一种贴墙材料。特点是布面挺括，富有弹性，抗折，对皮肤无刺激作用，且色彩艳丽、粘贴方便、韧性好，具有一定的透气性和防潮性，可水洗，适用于各类建筑的室内壁面装饰。规格也比较多，宽度一般为550～900 mm，价格也不是很高，是一种物美价廉的装饰材料（图2-25）。

5．纯纸壁纸

纯纸壁纸主要由草、树皮等天然材料加工而成，纯纸壁纸环保性能高，但有些产品是不能用水擦洗的。现在市场上天然加强木浆的壁纸是纯纸系列中品质较高的产品，为优质木浆内加入木纤维丝精制而成。其强度大于普通纯纸壁纸，并且可以用湿布擦洗，有防静电、不吸尘等特点。作为环保高端型壁纸，更为突出的特点是，其表面色彩饱真度和极强的艺术表现力是其他类型壁纸所不能比的，所以价位也较高（图2-26）。

6．金属壁纸

金属壁纸是将金、银、铜、锡、铝等金属，经特殊处理后，制成薄片贴饰于壁纸表面，使之显得繁复、华丽，比较炫目和前卫，通常在酒店、餐厅或者是夜总会使用，在家居装饰里比较少用（图2-27）。

二、壁布

1．印花壁布

印花壁布是采用化纤布做基层，表面涂乳液，并经压花处理的墙面装饰材料。其特点是伸缩性好，耐裂强度高，易于粘贴，表面不吸水，可擦

图2-22　纸基涂料壁纸　　　　图2-23　发泡壁纸　　　　图2-24　塑料壁纸

图2-25　无纺壁纸　　　　图2-26　纯纸壁纸　　　　图2-27　金属壁纸

洗，色彩鲜艳，凹凸感强。施工工艺简单，工效高。规格较多，幅宽 530 ～ 1 200 mm，长度 5 ～ 10 m，选择性较多。

2. 玻纤壁布

玻纤壁布是采用玻璃纤维进行编织渗胶的工艺方式生产的，由于编织方式不同，形成的表面肌理也就不同，有粗的、有细的；有均布平纹的，也有图案花型的。使用这类壁布时，在裱贴完毕之后，还需涂上涂料，形成一定的表面肌理。其特点是不燃、不老化，对皮肤无刺激作用，与涂料配合使用可产生很多变化（图2-28 和图2-29）。

三、地毯

当前工程中采用地毯铺地已相当普遍，如宾馆、办公场所、住宅等。地毯按材料分类，有羊毛地毯、腈纶地毯、混纺地毯；按工艺分类，有机织地毯、手编地毯、无纺地毯；按形式分类，有块毯、卷毯等。除此之外，还有颜色和花样的不同（图2-30）。

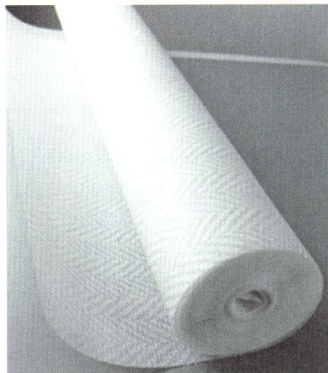

图2-28 玻纤壁布表面　　图2-29 玻纤壁布的肌理效果　　图2-30 室内地毯装饰

BENZHANG XIAOJIE　　　　　　　　　　　　　　本 章 小 结

本章介绍了室内装饰施工常用的材料，重点介绍了材料的组成、性质及技术要求。

思 考 与 练 习　　　　　　　　　　　　　　SIKAO YU LIANXI

1. 装饰材料有哪些种类？
2. 了解装饰材料有哪些意义？
3. 花岗石与大理石的区别是什么？
4. 陶瓷材料的特点是什么？
5. 简述一种艺术玻璃的生产工艺。

室内墙面装饰材料的种类　　　室内装饰材料大全　　　习题与答案

CHAPTER THREE

第三章
水电工程

■ **本章知识点**

    本章主要介绍了室内装饰水电工程和防水施工中所涉及的材料、工艺注意事项。因为水电工程是隐蔽工程，一次施工完成，后期很难调整修改，一旦出现质量问题或设计缺陷，会对后续施工及今后使用造成严重影响，在整个装饰作业中是非常重要的。

■ **学习目标**

    通过本章的学习，了解水、电、防水施工的材料、工艺、施工工序，以及如何验收，重点掌握施工的工艺流程和注意事项。

装饰施工开展主要分五大工序：水、电、泥、木、油（油漆或乳胶漆）。水、电、暖通作为隐蔽工程，是施工的第一步，水电材料及配件通过施工埋入地下或墙内，后期很难对其进行维修或调整，所以，管路配件的品质和对施工质量的把握就显得尤为重要。

第一节　水电施工前期工作

一、水电设计工作

绝大多数新住宅楼房间的强电配电系统是完善的，照明、插座、空调等回路完全分离，能保证正常家庭用电负荷；弱电（网络、电话、电视）都已入户，甚至各个房间都已布置了完整的弱电线路（部分房屋弱电线路只接到客厅或卧室，需要做进一步延伸工作），在装饰时无须太多改变。

大多情况下，室内给水管的冷、热水管从厨房到卫生间都已经布置完毕（少部分只有冷水管甚至室内只预留一个冷水接口，无热水管，需要重新走管），根据自己的需求局部改造即可；新房排水管基本上是一个萝卜一个坑，如果设备无位置变化一般不需要大的改动。

1. 水电设计的重要性

完成水电设计方案是装饰开工必须具备的基本条件之一，没有详细的

水电改造走线方案仓促开工往往是盲目的，会对后期的生产生活造成极大的不便。

承担水电改造设计的人员素质直接影响将来居家环境舒适度，水电设计师必须经过岗前技能、安全操作培训、长期陪岗实习才能上岗操作。另外，水电设计师除了必须具备专业知识外，还需要有比较丰富的生活历练，并尽量了解全面的装饰基础知识，不具备这些基本条件是做不好水电设计的。施工前房间灯光开关要经过设计（图3-1），插座点位也应规划到位（图3-2）。

2. 普通住宅各功能性房间水电设计设备参考配置

（1）厨房正常设备：电饭煲、微波炉、抽油烟机、某些需要电源的灶台，操作台、水盆下备用电源，热水器（壁挂炉、厨宝）电源及给排水（图3-3）。

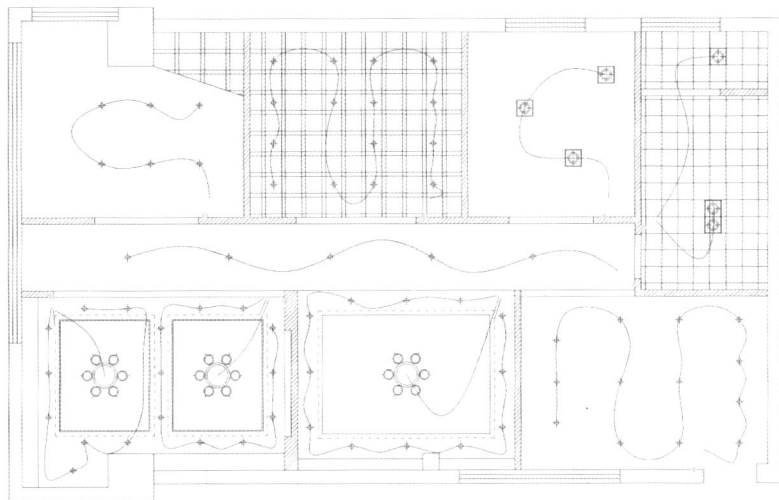

图3-1　灯光开关设计

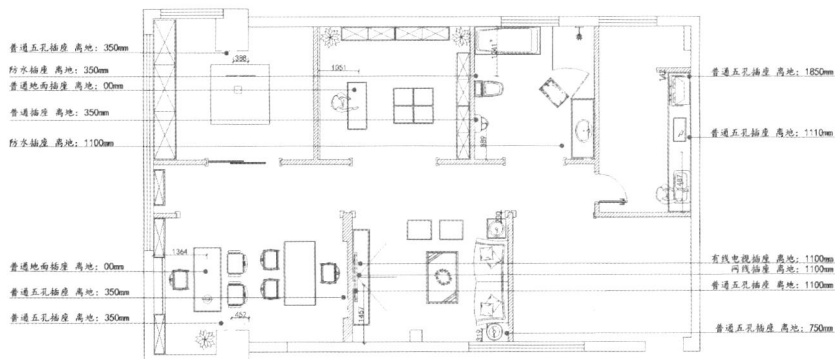

图3-2　插座点位图

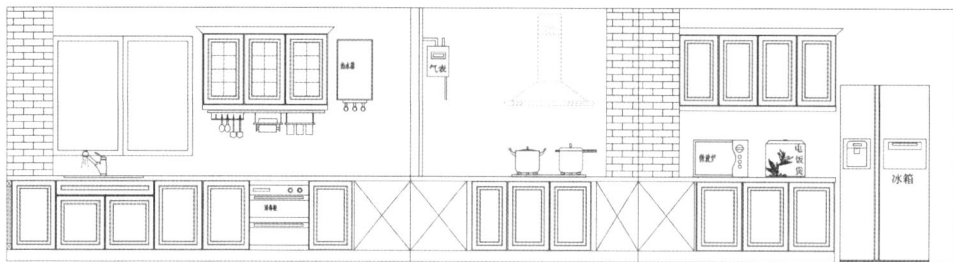

图3-3　厨房电器布置

（2）厨房选择性设备：烤箱、橱柜灯、消毒柜、冰箱电源，洗碗机、洗衣机、软（净）水机电源，给排水，厨宝电源，给水，背景音乐音箱。

（3）卫生间正常设备：浴霸（注意是几路控制线）、镜前灯、排风扇、吹风机电源，电热水器电源及给水，洗衣机电源及给排水，淋浴、浴缸、洗手盆、马桶给排水，智能坐便电源。

（4）卫生间有选择性设备：墩布池、电话、妇洗器、背景音乐音箱。

（5）客厅正常设备：电视机电源及电视端口、空调电源、网络及电源、电话端口、沙发两边电源。

（6）客厅有选择性设备：家庭影院、视频共享、投影、卫星电视、电动窗帘、吊顶造型照明电源、安防、灯光控制、智能控制系统。

（7）卧室正常设备：床头备用电源、电话、电视、空调。

（8）卧室有选择性设备：灯光双控、网络及电源、壁灯、视频共享、窗帘控制、卫星电视、灯光控制。

（9）书房正常设备：网络及电源、电话、备用插座。

（10）书房有选择性设备：背景音乐、电视及电源、视频共享、电动窗帘。

补充说明：餐厅及其他卧室设备电源相对较简单，可根据实际情

况变动。另外，以上设备说明只是对功能间正常用途所列，难免有多余的或遗漏项目。针对个案需要具体分析才能达到"量体裁衣"的效果。

二、开工前各项检查工作

1．进场施工前必须先检查给排水

检查原有给排水管是否畅通无堵，总阀启闭是否灵活严密，对于关闭不严密的阀门应要求业主联系物业服务企业及时调换成气密性强的截止阀。排水不畅的下水管路要提前疏通清理，并进行有效的保护。

2．检查已配备电路和电器

现场核对配电箱、空气开关、多媒体箱和插座开关的位置、尺寸及型号，查看原进户电源线线径大小，电话线、电视线、光线、宽带信息网线是否连接到位。

3．检查水暖管道

检查水暖管路有无破损或漏水现象，暖气片及阀门是否紧固无渗漏，暖气片应外观完好。

4．材料检查

检查水路材料出厂合格证、检验报告、产品质保书等；测量导线线径，是否符合标准；如1平方线线径不低于1.1 mm；1.5平方线线径不低于1.3 mm；2.5平方线线径不低于1.7 mm；4平方线线径不低于2.2 mm；6平方线线径不低于2.7 mm。

5．目测导线绝缘层是否均匀，PVC线管检测

（1）阻燃测试。用明火使PVC管连续燃烧3次，每次25 s，间隔5 s，管子撤离火源后自熄为合格。

（2）弯扁测试。管内穿入弯管弹簧，将管子弯成90°，弯曲半径为管径的3倍，外观光滑。

（3）冲击测试。用榔头敲击无裂缝（可用于现场检查）。

（4）PVC管外壁应有间距不大于1 m的连续阻燃标记和厂家标记。开关、插座的外壳应符合标准强度和阻燃性能，开关触点应符合功率标准，灯具外表应无瑕疵，灯座、镇流器等应安装牢固。

三、设计图纸现场比对

根据设计图纸画出各线路走向，确定配电箱、开关、插座、灯具、等的具体位置。

没有图纸的根据各房间的功能、家具摆放方式和房主的生活习惯等，确定安装位置，根据设计的规格、型号列出工程各类材料的数量。

四、准备工作

水电设计是建立在装饰方案基本成熟基础之上的，水电改造设计前需要做好以下准备工作。

（1）做好各功能间的空间划分、平面家具布置、装饰性较强的造型吊顶布置图。如床、衣柜、计算机桌等设备的摆放位置及大小，餐厅餐桌的大小及摆放位置，视听室所需要的视听效果等。

（2）根据设计需求确定厨卫各种电器。如，厨房整体设计方案直接关系到厨房水电方案的确定；热水器的选择有很多种，如燃气、电、太阳能、壁挂炉供热水及 24 小时小区供热水器系统等。

（3）准备施工工具。弹线墨斗、手持式切割机、电锤（电铲）、热熔机（图 3-4）、打压机（图 3-5）、管钳、管件切割钳、电工钳、电笔、螺钉旋具、剥皮钳、测线器、万用表等。

如上所述，水电设计作为隐蔽工程，一旦施工完毕验收结束，后续工序会将其掩盖、封闭，投入使用后发现有遗漏或缺陷，将很难修改，只能走明管或砸墙、凿地重新返工，劳民伤财且影响生活，所以要根据使用需求聘请专业设计师根据现场情况提出更多合理化建议以供参考。

第二节　水电施工常用材料

一、水路材料

1. PP-R管材

PP-R 管即无规共聚聚丙烯水管（图 3-6），干净卫生，永不结水垢。PP-R 管采用热熔连接，所用的熔接工具与水管材质相符，热熔前应去除附在管材（件）上的杂物。工作温度控制为 250~270 ℃，操作指示灯亮后方可操作，焊接时间不宜过长，管材截断应采用专用管剪。常用的管件直径为四分（15 mm）、六分（20 mm）、一寸（25 mm）等。

PP-R 管既可以用作冷水管，也可以用作热水管，优点是环保、卫生、便宜，国产 PP-R 价格较低，进口的稍贵；缺点是施工要专业人士，热熔技术要求较高，否则易留下隐患。PP-R 管每段长度有限而且不可强制弯曲，焊接需要配套的弯头、三通、桥接头、直接等配件一起使用。

管材的选用应符合设计要求。主水管管径一般为直径 25 mm（分支为 PP-R 直径 20 mm），别墅、跃层的主水管管径应按照室内给水管网的实际所需流量值确定。敷设管道前应先确定坐便器、浴缸、拖把槽、洗脸盆、洗衣机、热水器等卫生器具、家用电器的型号和尺寸，了解其进出水位置和安装方式。

2. PB管材

PB 管（图 3-7）为聚丁烯高分子材料，无毒无味，适用于 -30~100 ℃的温度，目前在欧美等发达国家，PB 管已广泛采用，并取代铜管成为热水给水管道的首选材料。PB 管质地柔软，可整盘使用，按需要截断，一般用于暖气管路施工使用。

PP-R 管和 PB 管这两种材料虽然都属于聚烯烃，但分子量与分子结构不一样，熔点不一致，所以这两种材料不可以互接，只能通过转换接头连接，如螺纹或法兰等。它们最大的区别是，PP-R 管耐高温不耐低温，PB 管耐高温也耐低温。

3. 铝塑管

铝塑管是一种由中间纵焊铝合金，内外层聚乙烯塑料以及层与层之间热熔胶共挤复合而成的管道（图 3-8）。聚乙烯是一种无毒、无异味的塑料，具有良好的耐撞击、耐腐蚀、抗气候性能。中间层纵焊铝合金使管子具有金属的耐压强度，耐冲击能力使管子易弯曲不反弹。铝塑管拥有金属管坚固耐压和塑料管抗酸碱耐腐蚀的两大特点，是新一代管材的典范。铝塑管由于其质轻、耐用而且施工方便，以及可弯曲性，更适合在家装中使用。

图3-4　热熔机

图3-5　打压机

图3-6　PP-R热熔管

图3-7　PB管

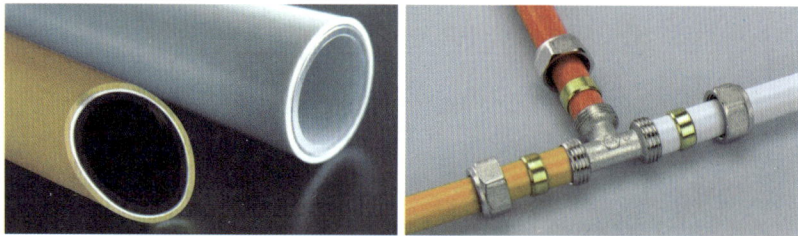

图3-8 铝塑管

铝塑管内外层均为特殊聚乙烯材料，清洁无毒，平滑。中间铝层可100%隔绝气体渗透，并使管子同时具有金属和塑胶管的优点。但管路连接需要专用铜质接头，对施工要求较高，作为热水管长时间使用，由于热胀冷缩可能会出现接头松动、漏水现象。

铝塑管按用途分类有普通饮用水管、耐高温管、燃气管等各类管。其特点及用途如下：

（1）普通饮用水用铝塑管：白色L标识，适用范围：生活用水、冷凝水、氧气、压缩空气、其他化学液体管道。

（2）耐高温用铝塑管：红色R标识，主要用于长期工作水温约95 ℃的热水及采暖管道系统。

（3）燃气用铝塑管：黄色Q标识，主要用于输送天然气、液化气、煤气管道系统。

铝塑管管道施工时，必须符合相应的技术规程。

4. 金属管

镀锌管和铜管曾经是水路的主要施工材料，但其生产成本和人工成本都较高，且施工要求和施工难度较大，施工过程需要套丝、焊接等复杂工艺，安装时间较长，金属管道内外壁生锈污染水源，目前已逐渐被其他材料管替代。

二、电路材料

1. 电线

电线是指传输电能的导线，一般为纯铜线芯外包裹绝缘层。水电二次改造强电线路一般采用经过国家强制3C认证标准的BV（聚氯乙烯绝缘单芯铜线）导线（图3-9），一般不采用护套多芯线缆，如出现多芯与单芯

| COLOR/绿色 | COLOR/红色 | COLOR/黄绿色 |
| COLOR/黄色 | COLOR/蓝色 | COLOR/黑色 |

图3-9 铜芯电线

线缆对接情况，必须对接头处进行涮锡处理。在一般装饰施工中，主要涉及强电（照明、电器用电），插座、照明电线一般采用2.5平方单股铜芯线，空调及其他大功率电器用4平方铜芯电线，其他特大功率电线可以使用6平方铜芯线。

强电材料中的线缆遵循不同用途采用分色原则，具体表现在：零线一般为蓝色，火线（相线）黄、红、绿三色均可采用，接地线为黄绿双色线。保证线色的统一分配有利于后期维护工作。

2. 弱电电线

弱电电线一般指闭路电视线、网线、电话线、音频线等，由于导线内传输电信号电压及电流较弱，故称为弱电。这些导线一般由导体、绝缘层、屏蔽层和保护层四部分组成（图3-10）。

（1）导体是电线电缆的导电部分，用来输送电能，是电线电缆的主要部分。导体一般为铜丝芯线。

（2）绝缘层将导体与大地以及不同相的导体之间在电气上彼此隔离，保证电能输送，是电线电缆结构中不可缺少的组成部分。

（3）15 kV及以上的电线电缆一般都有导体屏蔽层和绝缘屏蔽层，一般电视闭路线和网络信息线需要屏蔽层。

（4）保护层的作用是保护电线电缆免受外界杂质和水分的侵入，以及防止外力直接损坏电力电缆。

2. PVC电线阻燃管

作为穿线管的阻燃型PVC管（图3-11），其主要作用是保护管内电线，防潮、防虫、阻燃等，其缺点是抗冲击性差，易老化，不能耐高温，因此应注意避免在易受机械冲击、碰撞、摩擦及高温的场所使用。PVC电线阻燃管内穿线横截面面积不大于线管横截面面积的60%。

图 3-10　弱电电线

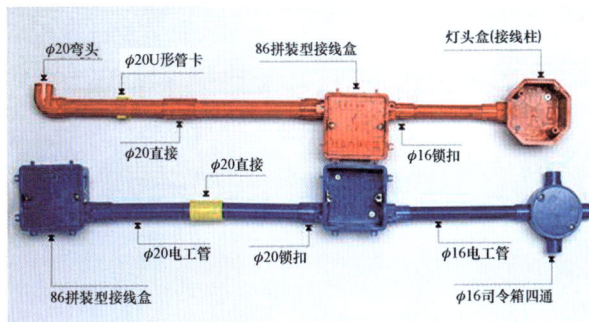

图 3-11　PVC 管

3. 底盒

我国目前常见的面板开关插座，以外形尺寸可以分为三种：86 型、120 型、118 型接线盒，此三种都有

相应的国家标准。

86 型开关插座底盒（图 3-12）正面一般为 86 mm×86 mm 正方形（个别产品因外观设计，大小稍有变化）。在 86 型开关基础上，又派生了 146 型（146 mm×86 mm）和多位联体安装的开关插座。

120 型开关插座源于日本，目前在我国台湾地区和浙江省最为常见。120 型常见的模块以 1/3 为基础标准，即在一个竖装的标准 120 mm×74 mm 面板上，能安装下三个 1/3 标准模块。模块按大小分为 1/3、2/3、1 位三种。120 型指面板的高度为 120 mm，可配套一个单元、二个单元或三个单元的功能件。

118 型开关一般指的是横装的长条开关（图 3-13）。118 型开关一般是自由组合式样的，在边框里面卡入不同的功能模块组合而成，在重庆、湖北、广西等地用得较多。118 型开关在电工的单子里一般分为小盒、中盒和大盒，长向尺寸分别是 118 mm、154 mm、195 mm，宽度一般都是 74 mm。118 型开关插座的优势就在于它的 DIY 风格！比较灵活，可以根据自己的需要和喜好调换颜色，拆装方便，风格自由。一般用于厨房、电视机下方、计算机桌附近，可以解决大量使用开关插座的问题。

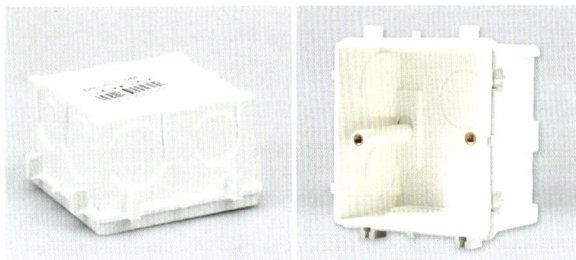

图 3-12　86 型底盒

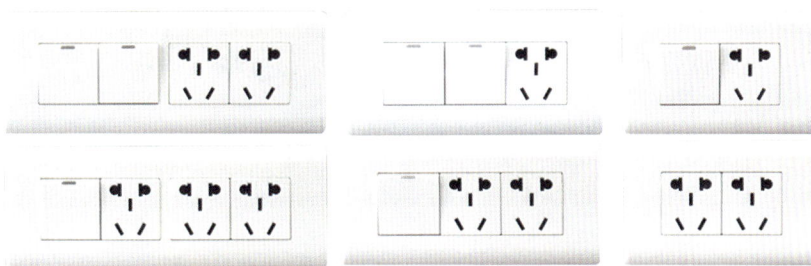

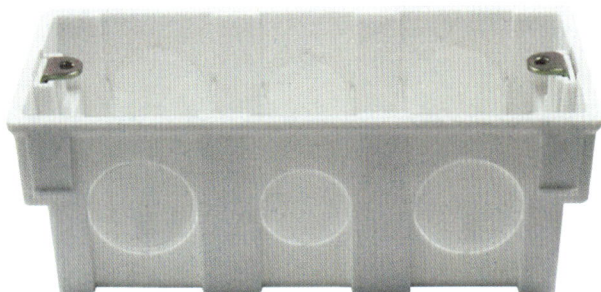

图 3-13　118 型底盒

第三节　水电安装施工操作规范

一、水路安装施工程序

水路安装施工程序：定位→弹线→开槽→布管→焊接→固定→打压→封闭。

（1）定位：水路改造严格遵守设计图纸的走向和定位进行施工，确定水路走向及出墙高度等。

（2）弹线：用墨斗在墙面弹出墨线，根据水管宽度设定开槽宽度（如图3-14）。

（3）开槽：使用手持式石材切割机，沿墨线切割墙面。凿墙地槽的深度应保证暗铺的管道在墙面、地面内，粉补后不应外露，应尽量避免破坏墙面和地面的结构层（图3-15）。

（4）布管：根据实际长短需要，将管路截成相应长短（图3-16）。

（5）焊接：用热熔机焊接水管与管件（图3-17）。

（6）固定：用水管卡子固定顶部水管，墙体开槽内水管可用水泥钉或石膏粉临时固定（图3-18）。

（7）打压：水路改造完毕使用打压机做管道压力实验（打压试验）（图3-19），实验压力不应该小于0.6 MPa。时间为20~30分钟，检查接头是否有漏水现象，如有漏水及时处理。

（8）封闭：用水泥砂浆将管件封闭于墙内，水路施工完毕。

二、水路施工规范及注意事项

（1）冷、热水出水口必须水平，一般左热右凉，管路铺设需横平竖直，布局走向要安全合理，管卡位置及管道坡度等均应符合规范要求，各类阀门安装应位置正确且平正，便于使用和维修。

（2）水表安装位置应方便读数，水表、阀门离墙面的距离要适当，要方便使用和维修。

（3）冷、热水管均为入墙做法，开槽时需检查槽的深度，冷热水管不能同槽。

（4）厨房内如加装软水机、净水机、小厨宝等应考虑预先留好上、下水的位置及电源位置。

（5）进水应设有室内总阀，安装前必须检查水管及连接配件是否有破损、砂眼、裂纹等现象。

（6）淋浴混水阀的左右位置正确，且装在浴缸中间（要先确定浴缸尺寸），高度为浴缸上中150~200 mm，按摩浴缸根据型号进

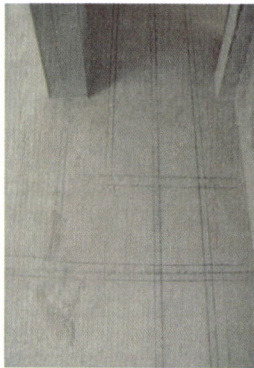
图3-14　弹线

图3-15　开槽

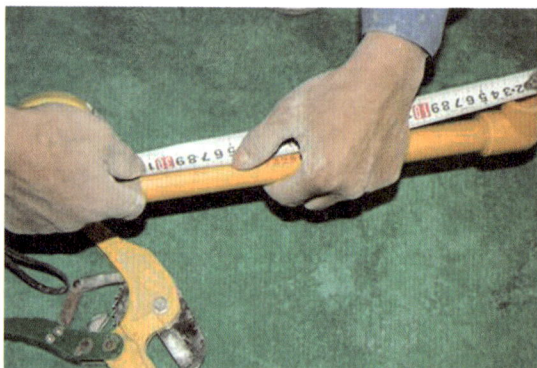
图3-16　布管

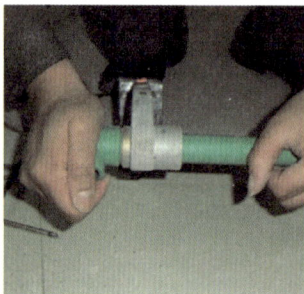
图3-17　焊接

图3-18　固定

图3-19　打压实验

行出水口预留。混水阀孔距一般保持在 150 mm（暗装），100 mm（明装），连杆式淋浴器要根据房高和业主个人需要来确定出水口位置。

（7）坐便器的进水出口尽量安置在能被坐便器挡住视线的地方。连体坐便器要根据型号来确定出水口的位置，一般要留在马桶下水口正中左方 200 mm 处。

（8）安装热水器进出水口时，进水的阀门和进气的阀门一定要考虑并应安装在相应的位置。

（9）电热水器一般需固定在承重墙上，如情况特殊，固定在非承重墙上要做固定支架，且顶层要有足够位置做固定支架，需提前与热水器厂家进行沟通，以便确定热水器出水口的位置。

（10）安装厨、卫管道时，管道出墙的尺寸应考虑到墙砖贴好后的最后尺寸，即预先考虑墙砖的厚度。

（11）设计水管时应考虑洗衣机的用水龙头安装位置和下水的布置。同时注意电源插座的位置是否合适。厨房橱柜内放滚筒洗衣机一定要确定好洗衣机和橱柜的尺寸，以便留好上、下水的位置。

（12）墙体内、地面下，尽可能少用或不用连接配件，以减少渗漏隐患点。连接配件的安装要保证牢固、无渗漏。

（13）墙面上给水预留口（弯头）的高度要适当，既要方便维修，又要尽可能少让软管暴露在外，并且不另加接软管，给人以简洁、美观的视觉感受。对下方没有柜子的立柱盆一类的洁具，预留口高度，一般应设在地面上 500~600 mm。立柱盆下水口应设置在立柱底部中心或立柱背后，尽可能用立柱遮挡。壁挂式洗脸盆（无立柱、无柜子）的排水管一定要采用从墙面引出弯头的横排方式设置下水管（即下水管入墙）。

（14）水管与电线管并行间距应大于 100 mm；交叉时，PVC 管应做过桥弯过渡。水管与燃气并行间距应不小于 50 mm。

（15）通往阳台水管穿过木地板时宜加装阀门，中间尽量避免接头。安装的各种阀门位置应便于使用和维修。过地面地垄管道在条件允许下应凿掉找平层埋入地面。

三、电路安装施工程序

电路安装施工程序：定位→弹线→开槽→布线埋盒→管内穿线→电路检测。

（1）前三个步骤与水路改造一致。开槽后将 PVC 线管根据实际需要截断或弯曲。要注意管子的弯曲半径，PVC 管穿线管的弯曲半径一般为管子直径的 5~10 倍为宜，φ20 的穿线管的弯曲半径一般为 10~20 cm，弯管须用 PVC 管专用的弹簧弯管器，不宜使用成品弯头，成品弯头一般不能满足弯曲半径。

（2）布线埋盒：在施工中管与管、管与管件连接的接口应用专用胶粘合，牢固密封，不能进水（图 3-20）。

（3）管内穿线：穿线应在穿线管铺设完，安装开关、插座、灯具前进行，应采用额定电压不低于 500 V 的绝缘导线，严防穿线口损伤绝缘层（图 3-21）。

（4）电路检测

①强电验收。新房局部电路改造，插座采用显屏式或数字式测电器测试通断，照明采用亮灯测试。对于室内完全重新布线的家居，如别墅、老房（二手房）强电系统，需要用 500 V 绝缘电阻表测试绝缘电阻值。按照标准，接地保护应可靠，导线间和导线对地间的绝缘电阻值应大于 0.5 MΩ。

②弱电测试。弱电测试可采用指针式或数字式万用表测试信号通断对于网络等多芯信号线测试，也可用专用测试仪进行测试。

图 3-20　埋盒布线

图 3-21　线路铺设

四、电路施工规范及注意事项

（1）电气布线前应与业主确定开关、插座等的型号和品牌，核实有无门铃、门灯电源等。

（2）每户设置的配电箱大小应根据实际所需空气开关数而定，单相供电时每户均须设置两级总开关及漏电保护器，漏电动作电流应不大于 30 mA。别墅及跃层每层分设配电箱，进线为三相电源但户内并无三相电器时，在确保三相用电安全情况下，其余分设配电箱电源可改为单相电源。配电箱安装必须有可靠的接地连接，三相电源配电箱 N 线必须连接可靠。

（3）空调插座、厨房插座、卫生间插座、大功率热水器、其他插座及照明电源均应设计单独回路。各配电回路保护断路器均应具有过载的短路保护功能。分路负荷线径截面的选择应使导线的安全载流量大于该分路内所有电器的额定电流之和，各分路线的合计容量不允许超过进户线的容量。

（4）电气布线均为单股铜芯线。配线时线的颜色应统一，相线宜用红色，零线宜用蓝色，接地线为黄绿双色线，均穿 PVC 套管敷设。管内严禁接头和扭结；管口应有杯梳或橡皮护口，管内无杂物，确保导线间和导线对地间的绝缘电阻值大于 0.5 MΩ。均用新线，旧线在水电验收时交付业主。

（5）严格按照操作规范布线。照明线 2.5 mm²，严禁单芯线直接埋入墙面，灯线移位时须穿黄蜡套管，原灯线盒内无接头。吊顶筒灯预留线均须穿管敷设，使用软管连接到灯位，且长度不得超过 1 m。

（6）室内布线穿管敷设时，不同回路、不同电压等级或交流、直流的导线不得穿在同一管道中。线管敷设禁止使用三通。管内导线总截面面积不得超过管内截面面积的 40%。线管敷设应横平竖直，尽可能地沿墙或吊顶内敷设。严禁厨卫等潮湿地面敷管走线。木地垄地面可明敷一根线管高度，在条件允许下应凿掉找平层埋入地面。线管与暖气、热水、燃气管之间的并行距离不应小于 300 mm。

（7）吊平顶内的电气配管应采用明管敷设，不得将套管固定在平顶的吊杆或龙骨上，应直接固定于顶面。各种强弱电的导线均不得在吊顶内出现裸露。墙面线管敷设时，墙槽应略宽于线管直径。多根线管并排时，线管之间应留有余缝，以防墙面空鼓。顶面、墙面悬空线管和地面线管用 PVC 胶水粘接。

（8）电话线、电视线、网络线等进户线盒不得移动或封闭，确需移动的应留过渡盒，每户均应设置总弱电箱，与配电箱间距不小于 500 mm，所有弱电弹簧门端统一接入弱电箱。

（9）强弱电严禁穿同一根管子，包括穿越开关、插座暗盒和共用暗盒；强弱电线管敷设并行间距不得小于 300 mm。

（10）暗盒预埋应整齐平正，同一室内、同类型的面板高度应水平一致，高差不得大于 5 mm。线盒内预留导线长度宜为 200 mm，电线头用电胶布封头。电器插座开关与燃气管间距不得小于 300 mm。

（11）开关插座安装必须牢固，整齐美观，布置合理，功能符合要求。开关插座相零线连接方式必须正确（相线进开关、插座左零右相上接地），接地线在连接时不得断开，线盒内导线应留在余量，不得少于 150 mm。露台、卫生间等潮湿场所安装插座开关时，应充分考虑其防水要求；低于 2.4 m 安装的金属灯具应加设接地线。1 m 以下插座宜采用安全插座；卫生间插座宜选用防溅式。吊灯必须采用金属膨胀管安装。

（12）开关插座常规高度（均为距地面净尺寸，定位时应按实际情况调整）：

普通插座 30 cm；开关 130 cm；分体空调插座 220 cm；立式空调插座 30 cm；房间电视机插座 70 cm；油烟机插座 220 cm（欧式油灯机可置顶上）；床头灯插座 60 cm；厨房备用插座 110 cm。

（13）预埋和完工时，每个房间均得安装临时照明灯。安装好配电箱及保护开关，接通全部电源，在每一回路的终端接插座一只，其余线盒内电线用电胶布封头，水电验收入结束后线盒再用临时盖板封好。绘制好电气系统图，线管、水管管道走向图，各立面图，提供后期材料清单。

第四节　防水施工

防水施工是在建筑物墙体表面进行防水材料涂刷或铺贴，进而防止雨水、地下水、工业和民用的给排水、腐蚀性液体以及空气中的湿气、蒸汽等侵入建筑物的施工过程，建筑物需要进行防水处理的部位主要是屋面、墙面、地面和地下室（图3-22）。

一、防水材料

建筑物的围护结构要防止雨水、雪水和地下水的渗透；要防止空气中的湿气、蒸汽和其他有害气体与液体的侵蚀；分隔结构要防止给排水的渗翻，这些防渗透、渗漏和侵蚀的材料统称防水材料。

市场上的防水材料有数百种之多，而真正与人们息息相关的材料也就几大类。就建材市场（超市）来讲主要有聚氨酯类、丙烯酸类、聚合物水泥类、聚乙烯丙纶复合类（图3-23）。

图3-22　房顶防水施工

图3-23　防水涂料

1. 聚氨酯类

聚氨酯类防水涂料有"液体橡胶"之称，是综合性能最好的防水涂料之一。其涂膜坚韧、拉伸强度高、延伸性好，耐腐蚀、抗结构伸缩变形能力强，并具有较长的使用寿命，但是有气味、黑色、不环保。

2. 丙烯酸类

丙烯酸防水涂料是一种单组分、环保型的弹性防水涂料。它是以自交联纯丙乳液为基础，配合特殊改性剂、功能助剂和填料经过分散研磨而成。该类材料无毒、无害、不可燃，是绿色环保型产品；它具有较好的延伸率和拉伸强度，纯丙烯酸耐老化性非常好，防水层的使用寿命也很长；而且施工方便，辊涂、刮涂均可施工。防水层形成的连续弹性膜，对结构复杂的异形部位施工尤为方便。由于其性能特点比较稳定，应用效果理想，价格适中，因此在家装防水中广泛应用。

3. 聚合物水泥类

聚合物水泥防水涂料（简称JS防水涂料）是一种刚柔相济的双组分防水材料。该类材料环保、无毒无味，透气性好，与基面黏结牢固、干燥快，但其多为双组分材料，需按说明书指导配比液料和粉料。柔性材料具有较好的弹塑性、延伸性，能适应结构的部分变形。对于家庭装饰，应以柔性防水材料作为施工主料。

4. 聚乙烯丙纶复合类

聚乙烯丙纶复合防水卷材是根据我国现代防水工程对防水、防渗材料的新要求研制的，选用丙纶无纺布、聚乙烯为主要原料，与抗老化剂采用高科技、新技术、新工艺复合而成的一种多层一体的高分子聚乙烯丙纶复合防水卷材（图3-24）。它的出现彻底改变了建筑行业中因水泥基层湿、含水率高而不能施工的难题，其可直接与水泥结构面黏结，该产品防水性能优良、无毒、无味、抗拉强度大、抗渗能力强、耐冻、耐腐蚀、易粘贴、柔性好、重量小、施工简便、无噪声，是一种绿色环保产品。在其形成防水层后，有很高的抗压、搞渗能力，但不具有延伸性，抵抗性结构拉伸变化的能力也不高。其性能要求如表3-1所示。

二、防水施工要求

1. 基层要求

（1）基层表面应压实平整，采用水泥砂浆找平层时，必须充分养护，不得有酥松、起砂、起皮现象，应符合设计要求。

（2）新旧面层必须清理干净，

图3-24　丙纶防水纤维

表3-1　聚乙烯丙纶复合卷材用聚合物水泥黏结材料的性能要求

项目		性能要求
与基层的黏结拉伸强度/MPa	常温7d	≥0.6
	耐水性	≥0.4
	耐冻性	≥0.4
可操作时间/h		≥2.0
抗渗性7d/MPa		≥1.0
剪切状态下的黏结性常温/（N·mm⁻¹）	卷材与卷材	≥2.0或卷材断裂
	卷材与基面	≥1.8或卷材断裂

不得有杂物和灰尘，以免影响黏结强度。

（3）混凝土表面含水率不应大于10%，施工时气温应该高于5℃。

（4）涂刷防水涂料时基层应干燥。一般可凭经验、肉眼观察，也可用1 m见方的塑料布覆盖其上，利用阳光照射1~3小时后（也可用吹风机加热的方法），观其是否出现凝结水，若无凝结水可视为干燥，方可施工。

2．施工工具

施工工具包括吹风除尘机、各类滚排刷、兑料桶、涂料搅拌器、机动车等。

三、防水施工工艺

1．施工工序

施工工序：清理基层→吹风除尘→重点部位处理→底层涂刷→多遍防水层涂刷→卷材黏结。

（1）基层清理干净，原墙地面表面要坚实，不应有起砂、掉灰或空鼓。

（2）对上下水管根部清理并进行堵漏处理，墙角、地漏、坐便器边缘做重点处理部位（图3-25）。

（3）用10~15 mm宽美纹纸根据墙面设计施工高度粘贴轮廓线。

（4）使用前应将涂料搅拌均匀。

（5）气温低于0℃或高于35℃不得施工，应避免高温施工。

（6）储运温度以5~35℃为宜。

（7）应选择6小时无雨雪天气施工。

（8）涂料未干燥或未铺防水卷材前，严防踩踏或其他施工及车辆行驶。

（9）乳液涂刷施工，顺序从上至下，从里到外，不得漏刷，一般涂刷2~3遍（图3-26）。

（10）使用聚乙烯丙纶复合防水卷材，先将液料倒入容器，再将粉料慢慢加入，同时充分搅拌3~5分钟至形成无生粉团和颗粒的均匀浆料即可，将丙纶正反两面均匀涂抹浆料，粘贴于墙体或地面。

干燥24小时后，涂刷第二遍乳液，使两遍乳液形成完整的防水层。

2．闭水试验验收

做闭水试验，验收防水效果。将卫生间的所有下水堵住，并在门口砌一道"坎"，然后在卫生间中灌入10~20 cm高的水，在墙壁上做下水面高度标记，夏天至少24小时，冬天至少48小时后，观察标记刻度位置水面有无下降，检查四周墙面和地面有无渗漏现象，这种闭水试验，是保证卫生间防水工程质量的关键（图3-27）。

做完闭水试验要通知楼下业主和物业公司质检部，一起到楼下检查是否有漏水现象。没有漏水，三方签字确认，如有渗漏，必须重新再做防水，待验收合格后方可进行后续施工。

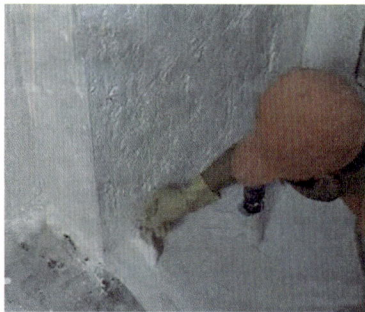

图3-25　重点部位涂刷

图3-26　防水涂刷

图3-27　闭水试验

BENZHANG XIAOJIE　　　　　　　　　　　**本 章 小 结**

本章介绍了水电施工和防水施工的常用工具和材料，重点介绍了水电和防水施工的施工工艺、技术要求。

思 考 与 练 习　　　　SIKAO YU LIANXI

1．水路施工的工序是怎样的？

2．水路施工后如何验收？

3．水电改造前有哪些准备工作？

4．防水施工材料有哪些？

5．如何验收防水施工？

吊顶常用材料选择指南　　　　吊顶注意事项　　　　习题与答案

CHAPTER FOUR

第四章
泥水工程

■ **本章知识点**

　　本章主要介绍室内装饰的泥水工程。泥水工程是装饰的基础工程，包括隐蔽工程、墙壁抹灰、墙砖地砖、石板材铺贴等内容。

■ **学习目标**

　　通过本章的学习，了解各项泥水工程的基本知识，重点掌握泥水工程施工工艺的应用。

泥水工程是整个建筑装饰工程中的一项重要的工程项目。其重要性不仅体现在它的施工面积大，更因为它还是其他工程项目的基础工程。本书中的泥水工程主要是指以装饰为主的饰面工程，其中包括室内抹灰工程、陶瓷饰面工程、石板材饰面工程。它们同属泥水工种的施工，共同作用是使房屋内部清洁美观，改善采光条件，创造舒适的环境，并增强保温、隔热、防潮、隔声的能力，从而改善居住和工作条件。室内泥水工程还可起到特殊的作用，如防尘、防腐、防辐射等。

在泥水工程开始之前，应先做好隐蔽工程。隐蔽工程在装饰完成后虽然看不到直观效果，但对住房的正常和安全使用至关重要。为了保证后续工程的顺利进行和交工后的正常使用，隐蔽工程的施工规范和材料质量应引起高度重视。

第一节　室内抹灰工程施工

一、抹灰工程

1. 基本规定

（1）内墙抹石灰砂浆工程必须符合设计要求。

（2）材料使用必须符合国家现行标准的规定，严禁使用国家明令淘汰的材料。

（3）各工序应按施工技术标准进行质量控制，每道工序完成后，应进行"工序交接"检验。

（4）相关各专业工种之间，应进行交接检验，并形成记录，未经监理工程师或建设单位技术负责人检查认可的，不得进行下道工序施工。

（5）施工过程质量管理应有相应的施工技术标准和质量管理体系，加强过程质量控制管理。

（6）施工单位应遵守有关环境保护的法律法规，并应采取有效措施控制施工现场的各种粉尘、废弃物、噪声、振动等对周围环境造成的污染和危害。

2. 质量要求

（1）普通抹灰：表面光滑、洁净，接槎平整，分格线清晰。

（2）高级抹灰：表面光滑、颜色均匀，无抹痕，线角及灰线平直方正，分格线清晰美观。

3. 注意事项

抹灰工程质量的要求是黏结牢固，无开裂、空鼓和脱落。施工过程应注意以下几点：

（1）抹灰基体表面应彻底清理干净，对于表面光滑的基体应进行毛化处理。

（2）抹灰前应将基体充分浇水均匀润透，防止基体浇水不透造成抹灰砂浆中的水分很快被基体吸收，形成质量问题。

（3）严格控制各层抹灰厚度，防止一次抹灰过厚，造成干缩率增大，出现空鼓、开裂等质量问题。

（4）抹灰砂浆中使用材料应充分水化，防止影响黏结力。

4. 工艺流程

基层清理→浇水湿润→吊垂直、套方、找规矩→抹灰饼→抹水泥→踢脚或墙裙→做护角抹水泥窗台→墙面充筋→抹底灰→修补预留孔。

5. 一般抹灰工程的检验与允许偏差

（1）检验要求：施工时要严格按施工工艺要求操作。

（2）检查方法：检查施工记录。

（3）一般抹灰工程质量的允许偏差和检验方法见表4-1。

表4-1　一般抹灰的允许偏差和检验方法

项次	项目	允许偏差/mm		检验方法
		普通	高级	
1	立面垂直度	3	2	用2m垂直检测尺检查
2	表面平整度	3	2	用2m靠尺和塞尺检查
3	阴阳角方正	3	2	用直角检测尺检测
4	分隔条（缝）直线度	3	2	拉5m线，不足5m拉通线，用钢直尺检查
5	墙裙、勒脚上口直线	3	2	拉5m线，不足5m拉通线，用钢直尺检查

在抹灰施工中，由于各层砂浆的作用不一，其成分和稠度也各有差异。底层砂浆主要起与基体黏结的作用，所以要求砂浆有较好的保水性，它的稠度要比中层和面层的砂浆要大。砂浆的组成材料要根据基体的种类不同而选用相应的配合比。中层起找平的作用，砂浆的种类基本与底层相同，只是稠度稍小。面层起到装饰的作用，要求涂抹光滑、洁净，因此要用较细的砂子或只用水泥。手工抹灰一般砂浆稠度及集料最大粒径见表4-2，一般抹灰砂浆的配合比可参考表4-3。

表4-2　手工抹灰一般砂浆稠度及集料最大粒径

抹灰层	砂浆稠度/cm	砂最大粒径/mm
底层	10～12	2.8
中层	7～9	2.6
面层	7～3	1.2

表 4-3　一般抹灰砂浆的配合比

材　料	配合比（体积比）	应用范围
石灰：砂	1：2～1：3	用于砖石墙（檐口、勒脚、女儿墙及潮湿房间的墙除外）面层
水泥：石灰：砂	1：0.3：3～1：1：6	用于墙面混合砂浆打底
	1：0.5：1～1：1：4	用于混凝土顶棚抹混合砂浆打底
	1：0.5：4～1：3：9	用于板条顶棚抹灰
石灰：水泥：砂	1：0.5：4.5～1：1：6	用于檐口、勒脚、女儿墙外脚以及比较潮湿处
水泥：砂	1：3～1：2.5	用于浴室、潮湿车间等墙裙、勒脚等或地面基层
	1：2～1：1.5	用于地面、顶棚或墙面面层
	1：0.5～1：1	用于混凝土地面随时压光
水泥：石膏：砂：锯末	1：1：3：5	用于吸声粉刷
白灰：麻筋	100：2.5（质量比）	用于木板条顶棚底层
白灰膏：麻筋	100：1.3（质量比）	用于木板条天棚面层（或 100 kg 白灰膏加 3.8 kg 纸筋）
纸筋：白灰膏	白灰膏 0.1 m、纸筋 3.6 kg	用于较高级墙面或顶棚

二、顶棚抹灰

1. 基层处理

混凝土顶棚抹灰的基层表面应在正式抹灰前处理干净，并用水喷洒湿润。若为预制混凝土楼板，则应检查其板缝是否已用细石混凝土灌实，如果板缝灌不实，顶棚抹灰后会顺板缝产生裂缝。近年来，无论是现浇或预制混凝土，都大量采用钢模板，表面比较光滑，直接在上面抹灰，砂浆黏结不牢，抹灰层也会出现空鼓等现象。为此在抹灰时，应先在清理干净的混凝土表面用扫帚刷一遍水灰比为 0.37～0.4 的水泥浆进行处理或在墙面进行凿毛处理，方可抹灰。

2. 找水平线

先根据顶棚的水平线确定抹灰的厚度，然后在墙面的四周与顶棚交接处弹出水平线，作为抹灰的水平标准。水平线的标定可用水平仪来测定，也可用一根长长的透明塑料管注水后来测定。顶棚抹灰通常不做标志块和标筋，一般用目测的方法控制其平整度，以无明显高低不平及接槎痕迹为准。

3. 底、中层抹灰 v

一般底层砂浆采用配合比为水泥：石灰膏：砂＝1：0.5：1 的水泥混合砂浆，抹灰厚度为 2 mm。中层砂浆的配合比一般采用水泥：石灰膏：砂＝1：3：9 的混合砂浆，抹灰厚度为 6 mm 左右，抹后用软刮尺刮平，使之均匀。抹灰的顺序一般是由前往后退，并注意其方向必须同基体的缝隙（混凝土板缝）成垂直方向，这样能使砂浆挤入缝隙牢固结合。在抹灰过程中，如底层砂浆吸水快，要及时洒水，以保证与底层黏结牢固。

4. 面层抹灰

待中层灰浆干至用手按不软但有指印的程度时，即可抹面层灰。抹面层灰一般分两步完成，第一步尽量薄抹一遍，抹完后待灰浆稍干，再用抹子或压子等工具顺抹纹压实压光。

三、墙面抹灰

1. 做标志块

墙面抹灰的第一步是做标志块，标志块的厚度决定了墙面的砂浆厚度。做标志块要先用托线板全面检查墙体表面的垂直平整程度，确定抹灰厚度。然后在距顶部和地面 10 cm 和 20 cm 处用抹灰砂浆各做一个标志块，其厚度一般为 1～1.5 cm 或根据抹灰厚度而定，大小以 5 cm 见方为宜。标准标志块做好后，再在标志块附近墙面上钉钉子，拴上小线拉水平通线，然后约每 1.3 m 加做一个标志块。在窗口、垛角处必须再做标志块。

2. 做标筋

标筋就是在上、下两个标志块之间抹出的一条长梯形的灰埂，宽度为 10 cm 左右，厚度与标志块保持平整一致。做法是在两个标志块中间先抹一层条状砂浆，再抹成梯形，要比标志块的厚度略高一点，然后用平整的木尺紧贴标志块来回搓一搓，直至把标筋搓得与标志块齐平。同时再将标筋的两边用刮尺修成斜面，使其与灰层接槎顺平。标筋的制作十分重要，它会直接影响抹灰墙面的平整度，所以要制作细致。

3. 做护角

门窗的洞口及阴阳角的抹灰要求线条清晰挺直，因此都需要做护角。护角起着与标筋相同的作用。

抹护角时砂浆的厚度要以墙面的标筋为依据,先将阳角用方尺规方,靠门框一边,以门框离墙面的空隙为准,另一边以标志块厚度为据。最好在地面上画好准线,按准线粘好靠尺板,并用吊线吊直,方尺找方,然后在靠尺板的另一边墙角面分层抹1:2的水泥砂浆。护角线的外角与靠尺板外口平齐,一边抹好后,再把靠尺板移到已抹好护角的一边,用钢筋卡子稳住,用线坠吊直靠尺板,把护角的另一面分层抹好。最后将靠尺板拿下,待护角的棱角稍干时,再用阳角抹子和水泥浆捋出小圆角。

4. 抹灰

标筋及门窗护角做好后即可以抹底层灰,底层灰的厚度约为灰筋厚度的2/3。用铁抹子先在两筋间墙上抹底层灰,由上往下抹,抹子横向将砂浆抹于墙面上。灰板要随时接灰,手握铁抹子要紧而有力,用力要均匀,以便使砂浆与墙面黏结牢固。不宜来回涂抹,前后抹上的砂浆要衔接牢固,要目测控制平整度。

底层灰凝结后,依标筋的厚度装满砂浆抹中层灰。中层砂浆抹完后,用大刮尺按标筋刮平。使用刮尺时要均匀用力,由下向上刮几遍,直至搓平为止。然后用木抹子搓磨一遍,使表面平整密实。

最后是抹面层。抹面层灰应在中层砂浆五六成干时进行。如中层较干,须洒水湿润后再进行。操作时先用铁抹子抹灰,再用刮尺由下向上刮平,然后用木抹子搓平,用铁抹子压光。

四、水泥砂浆地面施工

1. 材料要求

水泥要采用强度等级不低于42.5级的硅酸盐水泥或普通硅酸盐水泥。砂要采用中、粗砂,应洁净无杂质,含泥量不大于5%,不含有机物质,细度模数不小于0.7。水一般要用自来水,不可用污水。施工中应严格控制配合比,常用的水泥砂浆配合比为水泥:砂子=1:2(体积比),同时要控制砂浆的稠度。

2. 施工准备

抹灰前必须把基层或垫层清理干净,将下水管地漏口堵好,避免流入砂浆。门框要安装、校正、固定。楼梯栏杆要安装好。埋在楼板和墙内的管道、电线及其他预埋件应安装完毕,并固定到位。找好流水坡度,在抹灰前应将厨房、浴室、厕所等房间的地面流水坡度找好,弹出水平线,避免造成积水。

在抹灰时要注意室内地面的标高与走廊、卫生间、厨房、厕所等的标高区别。

3. 抹灰

首先要按水平线确定标筋位置,然后制作标筋。随后便可铺抹砂浆,砂浆的厚度要以标筋为准,最后用木标尺搓平。标筋的间距可控制为1 500～2 000 mm。在砂浆的初凝和中凝之间可用钢皮抹子进行压光。

水泥砂浆面层铺设后,均应在常温下湿润养护。养护期间每天浇水不少于2次,面层要覆盖砂子或木屑。

五、灰线的制作

灰线即装饰线角的现场抹制,在整个抹灰工程中,灰线的施工工艺是对技术要求最高的一种。它主要是利用各种不同的起伏、曲直、厚薄等线条造型达到装饰美化的效果,常见于室内的顶棚四周、梁底、柱端、腰线及建筑外观的女儿墙、间隔墙及门套等处。

1. 灰线抹灰的专用工具

(1)死模。死模(图4-1)适用于顶棚四周与墙面交接处灰线的设置。死模利用上下两根固定的靠尺做轨道,推拉出线条。因它不能在靠尺中间取下,故称死模。

死模中间的一块木板称模身,上口有灰线处称模口,在模口包以镀锌薄钢板,以减少抹灰的摩擦阻力。顶面的一块木板称为模侧板,在模侧板上钉金属片或长方形小木块,称其为模头,在抹灰线时模头紧靠上靠尺。底面的木板称模底板,底板下面钉有一根小木条,抹灰线时,小木条坐在靠尺上。

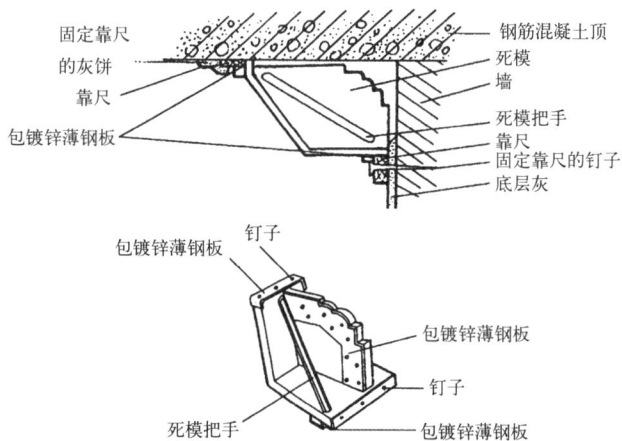

图4-1 死模及死模安装示意图

(2)活模。活模(图4-2)适用于梁底及门窗角灰线,一般由模身和模口组成,模口也包镀锌薄钢板。活模在使用时,靠在一根靠尺上,用手握模拉出线条来。

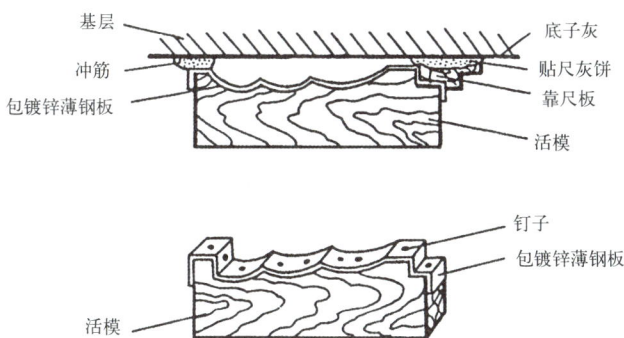

图4-2 活模

2．灰线抹灰的操作方法

（1）死模双尺操作法。找规矩的方法与一般抹灰基本相同，但灰线抹灰的房间，四周墙面要先找方，不仅阳角方正，阴角也要归方。同时要找出顶棚抹灰的厚度并弹出上水平线。先抹墙面和顶棚底层、中层灰，靠顶棚处留出灰线的尺寸不抹，以用来在灰层上粘贴靠尺板，这样可以避免以后抹灰时碰坏灰线。中层灰抹完后，按死模尺寸确定墙面靠尺板的位置，在四周的墙上弹一道水平标准线，并将下靠尺按此线贴好。靠尺可用石膏粉黏结，也可将靠尺放稳后，找出砖缝位置，再用钉子钉起来，这样会更稳。下靠尺稳定好后，把死模放在下靠尺上，用线坠挂直线找正死模的垂直平面角度后，靠模头外侧定出上靠尺的位置，然后按四角位置再弹水平线，依线粘贴上靠尺。死模装上后，要上下灰口适当，死模在推拉时要顺滑且不松动，如有阻碍和偏差可校正上靠尺。

灰线的制作要分层进行，以免砂浆一次涂抹过厚而造成起鼓开裂。死模要随时推拉，超过灰线面的多余砂浆要及时刮掉，低凹的地方应填补砂浆，直至灰线表面砂浆饱满平直。拉模及喂灰操作动作要协调，步子要稳，使喂灰板依靠模的推动前进（图4-3）。在拉罩面灰时，要分遍连续操作。死模只能往前推，不能往后拉。不管是拉制出线灰还是罩面灰，模头及模底板下面的小木条都要始终紧靠上、下靠尺板，用力要均匀，使死模平稳地沿轨道向前滑动。

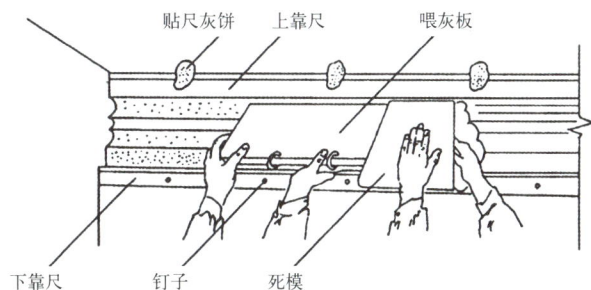

图4-3 喂灰板操作

（2）死模单尺操作法。单尺操作即只用下靠尺，不用上靠尺，而上靠尺用事先已抹好顶棚中层砂浆的标筋压光条代替。这种方法可减少贴上靠尺这一道工序，但操作较难掌握，需要有丰富的作业经验。操作时将死模下端卡在下靠尺上，左手把死模紧靠在顶棚抹灰层上，用右手推死模。其他操作方法与双靠尺作业法基本相同。

（3）活模的操作方法。活模在施工的操作上基本与死模的单尺操作相同。它一边靠在靠尺板上，一边紧贴在标筋上拉出线条。活模在使用上比较方便，可以经常调换模纹线。

六、剁斧石制作

剁斧石也称斩假石，是一种人工模仿天然石材的装饰抹灰工艺。剁斧石是在水泥砂浆基层上涂抹水泥石粒浆，待硬化后，用剁斧、齿斧及各种凿子等工具剁出类似天然花岗石的有规律的石纹。

在中层抹灰时采用1：2水泥砂浆，面层使用1：1.25的水泥石粒（内掺30％的石屑）浆，厚度约10 mm。

具体操作方法是在基层处理之后，按设计要求弹线分格，粘分格条。罩面操作一般分两次进行。常温下（15～30℃）要养护3天。待砂浆层完全干燥后，可先进行试斩，斩剁以石粒不脱落为准。

剁斧操作应从上向下进行，先斩转角和四周边缘，后斩中间墙面，转角和四周边缘的剁纹要与其边棱垂直，中间墙面斩成垂直纹。斩斧要保持锋利，斩剁时动作要快并轻重均匀。剁纹的深浅要尽量一致。每斩完一行可随时将分格条取出，同时检查分格缝内灰浆是否饱满、严密，如有缝隙和小孔，应及时用素水泥浆修补平整。

第二节 墙面饰面砖的镶贴施工

饰面砖的镶贴一般是指陶制釉面砖、瓷制釉面砖以及玻化砖和玻璃马赛克的镶贴。因为它们在镶贴技术上基本一致，所以在这里不分开讲述，统称为饰面砖。

一、施工准备

1．基层处理

镶贴饰面砖的墙面基体表面要有足够的稳定性和

刚度，同时对光滑的基体表面要进行打毛处理。打毛的深度应为 0.5～1.5 cm，间距 3 cm 左右。基体表面凸凹明显的部位，应事先剔平或用水泥砂浆补平。

2. 饰面砖浸水

饰面砖在镶贴前要先清扫干净，然后放入水中浸泡，约 2 个小时为宜。未经浸水的饰面砖吸水性较大，镶贴后会迅速吸收砂浆中的水分，影响粘贴质量。

3. 预排

饰面砖镶贴前应进行预排，预排时要注意同一墙面的横竖排列，均不能有一行以上的非整砖。非整砖行应排在最不醒目的部位或阴角处。饰面砖的排列方法很多，主要有无缝镶贴、有缝镶贴、划块留缝镶贴等。外形尺寸偏差大的饰面砖不适合大面积无缝镶贴，否则不仅缝口参差不齐，而且贴到最后难以收尾。对外形尺寸偏差大的饰面砖可采用单块留缝镶贴，用砖缝的大小调节砖的大小，以解决尺寸不一致的问题。如果饰面砖的薄厚尺寸不一，可把薄厚不一的砖分开。

二、饰面砖的镶贴

1. 普通饰面砖的镶贴

在镶贴饰面砖时，应先依照室内标准水平线，找出地面标高；然后按贴砖的面积，计算纵横的块数；用水平尺找平，并弹出饰面砖的水平垂直控制线。如用阴阳角镶边时，则应将镶边位置预先分配好。镶贴时，应先贴若干块废面砖做标志块，上下用托线板挂直，作为贴砖厚度的依据。

镶贴饰面砖应从阳角处开始，并由下往上铺贴。一般用体积比为 1：2 的水泥砂浆。为了改善砂浆的和易性，便于操作，也可掺入不大于水泥用量 15％的石灰膏。用铲刀在饰面砖背面刮满刀灰，厚度 5～6 mm，最大不超过 8 mm，砂浆用量以镶贴后刚好满浆为宜。贴在墙面的饰面砖应用力按压，并可用铲刀的木柄轻轻敲击，使饰面砖紧贴于墙面，再用靠尺按标志块将其校正平直。镶贴完整行的饰面砖后，再用长靠尺校正一下。对高于标志块的，需轻轻敲击，使其平整；对低于标志块的，要取下饰面砖重新抹满砂浆再镶贴，不可在砖口处塞灰，这样会造成空鼓。依次按上述方法往上镶贴，并注意与相邻面砖的平整度。当贴到最上一行时，要求上口要形成一条直线。

在割砖时，可根据所需的尺寸用合金钢錾子切割。对于比较坚硬的饰面砖要采用电动无齿锯切割。若墙面需留有洞口（安装电源插座、开关或放置肥皂盒等），应预先将饰面砖用无齿锯割开。镶贴完毕后进行质量检查，用清水将饰面砖表面擦洗洁净，接缝处要用与饰面砖相同颜色的水泥擦嵌密实。

2. 陶瓷马赛克的镶贴

陶瓷马赛克因其表面光滑又不吸水，故镶贴施工与普通面砖有所不同。

镶贴陶瓷马赛克一般是自下而上进行，按已弹好的水平线安放八字靠尺或直靠尺，并用水平尺校正垫平。通常是二人协同操作，一人在前洒水润湿墙面，先刮一道素水泥浆，随即抹上 2 mm 厚的水泥浆为黏结层；一人将陶瓷马赛克铺在木垫板上，纸面向下，马赛克面朝上，先用湿布把底面擦净，用水刷一遍，再刮素水泥浆，将素水泥浆刮至陶瓷马赛克的缝隙中，砖面表面不要留砂浆。而后再将一张张陶瓷马赛克沿尺粘贴在墙上。

将陶瓷锦砖贴于墙面后，一手将硬木拍板放在已贴好的砖面上，一手用小木槌敲击木拍板，把所有的陶瓷马赛克敲一遍，使其平整。然后将陶瓷马赛克的护面纸用软刷子刷水润湿，待护面纸吸水泡开，即可揭纸。因立面镶贴纸面不易吸水，可往盛清水的容器中撒少量干水泥并搅匀，再用刷子蘸水润纸，纸面较易吸水，可缩短护面泡水时间。揭纸时要有顺序进行，如发现小块陶瓷马赛克随纸带下，要在揭纸后重新补上。如随纸带下数量较多，就说明护面纸尚未充分湿透泡开，其胶水尚未完全溶化，应该用抹子将陶瓷马赛克重新压紧，继续刷水湿润护面纸，直至能顺利揭纸。

在黏结水泥凝固后，要用素水泥浆擦缝。方法是先用橡皮刮板将水泥浆在陶瓷马赛克表面刮一遍，嵌实缝隙，然后用干水泥找补擦缝，全面清理擦干净后，第二天喷水养护。

第三节 地面饰面砖的铺设工程

地砖在铺设前应充分浸泡，以保证铺后不致过快吸收黏结砂浆中的水分而影响粘贴质量。浸水后阴干备用，以砖表面有潮湿感但手按无水迹为度。

铺设前基面要处理干净，特别是油渍一定要处理干净。对表面过于光滑的地面要进行打毛处理。地面的基体表面应浇水浸湿。

基面处理完后，就可根据设计要求确定地面标高线和平面位置线。一般采用尼龙线在墙面的标高点上拉出地面标高线，以及垂直交叉的定位线。

铺设地砖用的水泥砂浆可采用1：3比例调和，其稠度以手捏成团不散为宜，水分不可过大。然后可按定位线铺设地砖。将地砖置于地面结合层进行铺贴，并用橡胶锤敲击地砖表面，使之与地面标高线吻合贴实，铺贴8块以上时应用水平尺检查平整度，如有高出来的地方要用橡皮锤敲平，低于标度线时要将其揭起重新用砂浆垫高。地砖的铺设通常采用T字形标准高度面；如果铺设面积较大，多人同时作业，也可采用十字形标准高度面。

对于卫生间或洗手间的地面，在铺设时应做出15°的泛水坡度。

在整个地面铺设完毕之后，要养护2天再进行擦缝处理。其方法是用干的白水泥在砖与砖之间的缝隙中涂抹，使地砖的拼缝内填满白水泥，最后将砖面擦净。

第四节 墙饰面石板材施工

饰面石板材主要是指天然石材和人造石材两类。因为这类材料都比较重，多采用湿挂和干挂两种施工工艺进行安装。

一、湿挂墙柱饰面板的施工

湿挂饰面板是一种传统的饰面施工方法，它主要是采用绑挂和灌浆两道工序将饰面板与墙体连接起来。由于饰面石板材的施工难度较高，饰面板的安装施工技术要求更为准确、细致，因此必须在施工前做好各项准备工作。

1. 饰面板安装前的准备

（1）基层处理。基体应具有足够的稳定性和刚度。基体表面应平整而粗糙，对光滑的基体表面应进行打毛处理。

（2）抄平放线。墙面安装饰面板之前要先统一找平，分块弹线，并根据设计要求确定地平面标高位置。柱子安装饰面板之前，应先测量出柱子中心线和柱与柱之间的水平通线，并弹出柱子饰面板的墙面线。

（3）板材的检验与修补。饰面石板材在运输过程中出现破碎与被污染的，要挑出另外堆放。对合乎

外观要求的板材，再进行边角垂直测量、平整度检验、尺寸误差检验，以便控制安装后实际尺寸和对缝的垂直平直度。

另外，板材破裂可用环氧树脂胶黏剂粘结修补。黏结时，首先应清理待黏断面，并用酒精擦拭清理干净，然后在两个黏结面涂胶，胶的厚度为0.5 mm左右。拼合黏结完后要在常温下养护3小时左右。

2. 饰面石板的安装

（1）绑扎钢筋网。钢筋网要按施工详图来绑扎。竖向钢筋的间距，如设计无规定，可按饰面板的宽度距离设置，通常宽度不大于50 cm。横向钢筋用于绑扎铁丝或挂钩，其上下排之间的高度要根据板的高度而定。当板的高度超过1.2 m时，中间要增加横向钢筋。钢筋网要焊接或绑扎在墙面或柱面的预埋钢筋上。如果在建筑施工中未设置预埋钢筋，也可在墙上钻锚固孔。钻孔深度不小于35～40 mm，孔径为5～6 mm。然后安装膨胀螺栓，将钢筋焊在膨胀螺栓上。钢筋网必须焊牢，不得有活动和弯曲现象。钢筋网的钢筋一般用φ6的钢筋。墙面、柱面绑扎如图4-4所示。

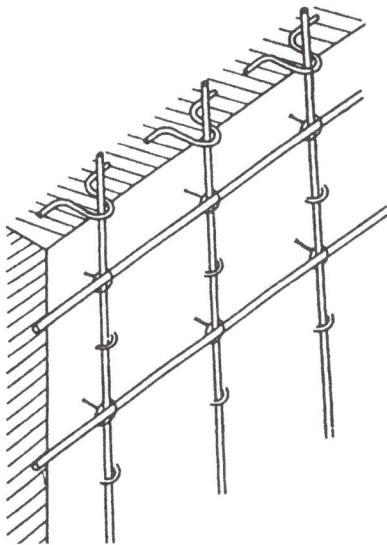

图4-4 墙面、柱面绑扎钢筋图

（2）预拼排号。为了使饰面石板在安装后颜色和花纹一致、纹理通顺、接缝严密吻合，安装前必须按大样图预拼排号。一般先按图排出品种规格、颜色与纹理一致的块料，按设计尺寸在地上进行试拼、校正尺寸及四角套方，使其合乎要求。凡阴角对接处应磨边卡角（图4-5），预拼好的大理石应编号，编号一般由下向上编排，然后分类立码备用。对有缺陷的石板材，一般要剔除或改小料用，或放置在边角不显眼的位置。

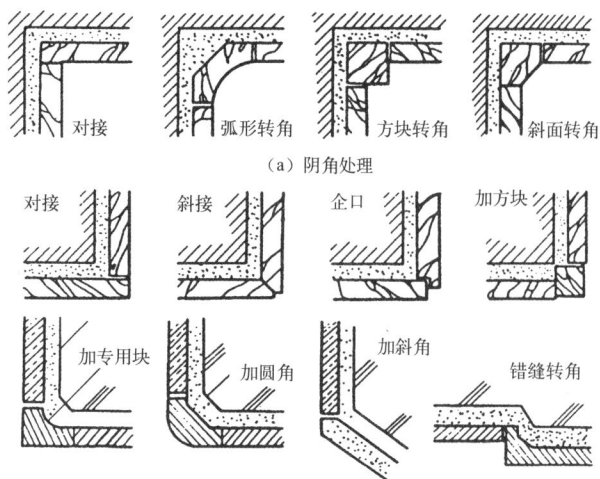

（a）阴角处理

（b）阳角处理

图4-5　阴阳角的接缝处理

（3）钻孔、开槽、固定不锈钢丝。饰面石板预拼排号后，按顺序将板材侧面钻孔打眼。操作时应将饰面板固定在木架上。直孔的打法是用手电钻头直对板材上端面钻两个孔，孔位为距板材两端1/4处，孔径为5 mm，深15 mm，孔位距板背面约8 mm为宜。如板的宽度较大（大于60 cm），中间应增钻一孔。钻孔后用合金钢錾子朝板材背面的孔壁轻打剔凿，剔出深4 mm的槽，以便固定不锈钢丝或铜丝。然后将石板材下端翻转过来，用同样方法再钻两个孔并剔凿深4 mm的槽（图4-6）。

目前，石板材的钻孔打眼方法正逐步被工效高的四道或三道槽的方法替代。其施工方法为用电动手提式石材无齿切割机的圆锯片，在需绑扎钢丝的部位上开槽。四道槽的位置是：板块背面的边角处开两条竖槽，其间距为30～40 mm，在板块侧边处的两竖槽位置上部开一条槽，再在板块背面的两条竖槽位置下部开一条横槽（图4-7）。

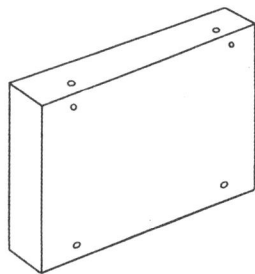

图4-6　钻孔

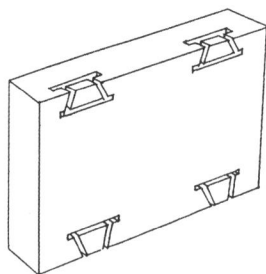

图4-7　开槽

板块开槽后，把备好的18号或20号不锈钢丝或铜丝剪成30 cm长，并弯成U形。将U形不锈钢丝先套入板背横槽内，U形的两条边从两条竖槽内通出后，在板块侧边横槽处交叉，再通过两竖槽将不锈钢丝在板块背面扎牢。但不能将钢丝拧得过紧，以防石材槽口断裂。

（4）石板的安装。石板的安装顺序要由下向上进行，每层板块由中间或一端开始。先将墙面最下层的板块按地面标高就位，如果地面尚未铺装，要用垫块把板块垫高至地面标高线位置。然后使板材上口朝外，将不锈钢丝绑扎在水平横筋上，再绑扎板材口不锈钢丝，绑好后用木楔垫稳。用靠尺板检查校正后，最后绑不锈钢丝。最下一层定位后，再拉出垂直线和水平线来控制安装质量（图4-8）。

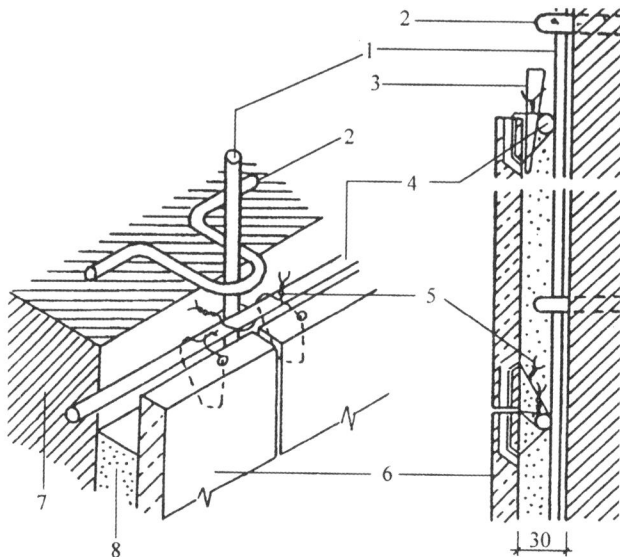

图4-8　大理石安装固定示意图

1—竖筋；2—预埋件；3—固定木楔；4—横筋
5—铁丝；6—石板；7—基面；8—水泥砂浆

柱面可按顺时针方向安装。一般先从正面开始，第一层就位后，要用靠尺板找垂直，用水平尺找平整，用方尺找好阴阳角。如发现板材间缝隙不匀，应用铅皮加垫，使板材间隙均匀一致，以保持每一层板材上口平直，为再上一层的安装打好基础（图4-9）。

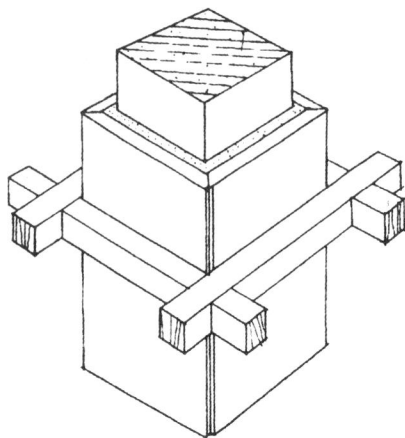

图4-9　石板材的柱面安装示意图

石板材安装就位后，用熟石膏加固。熟石膏应掺加 20%的水泥以增加石膏的强度，防止石膏裂缝。如果是白色大理石，就不宜再掺入水泥，以防影响装饰效果。对临时固定的板块，用角尺检查板面是否平直，重点保证板与板的交接处四角的平直度，发现问题要立即校正。

石膏硬固后可进行灌浆。水泥砂浆要分层灌注。灌注时不要碰动板块，并应从几处分别向缝隙灌注，同时要检查板材是否因灌浆而外移。每次灌浆高度一般不超过 150 mm，最多不得超过 200 mm。一块石板材通常分三次灌浆来完成黏结。每次灌浆都需待上次水泥浆初凝后进行。若是多层石板材安装，则每层离上口 80 mm 处即停止灌浆，留待上层石板灌浆时进行，以使上下连成一体。如安装白色或浅色大理石饰面板，灌浆应用白水泥和白石屑，以防透底影响装饰效果。

第三次灌浆完毕，待砂浆初凝后，即可清理板材上口余浆，并用抹布擦净。隔天再清理板材上口的木楔和有碍安装上层板材的石膏。要加强养护，防暴晒和碰撞等。

待全部石板安装完毕，将表面清理干净，并用与石板材同样颜色的颜料调制水泥色浆嵌缝，使缝隙密实干净、颜色一致。抛光的石板材表面一般在工厂已经进行了抛光上蜡处理，但施工过程中会使部分表面失去光泽，所以部分表面需要进行擦拭与抛光处理。

二、干挂墙面饰面板的施工

干挂饰面石板材是近年来较常采用的一种新的施工工艺，与湿挂施工方法相比，它具有现场施工速度快、重量小等优点，并且省去了灌浆的工序。但干挂式的施工精确度要求比湿挂要高。

干挂法是用不锈钢角将石板材直接支托在墙面上，不锈钢角用膨胀螺栓固定在墙面上。上下两层不锈钢角的间距正好等于板块的高度。如果是幕墙，不锈钢角就要安装在铝合金龙骨上或轻钢龙骨上。该安装方式的关键工艺就是不锈钢角安装尺寸的准确和石板材上凹槽位置的准确。板块上的四个凹槽位应在板厚中心线上，不锈钢角扣件固定方法及扣件样式见图 4-10，扣件固定石材饰面板的干挂固定方法见图 4-11。

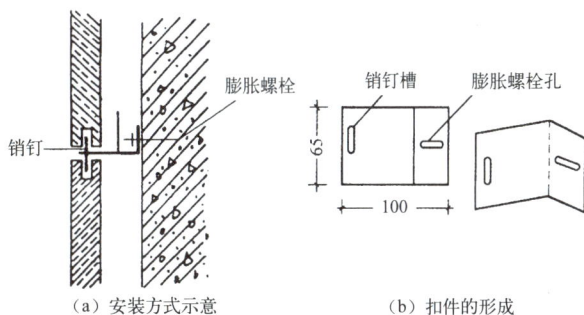

图 4-10　膨胀螺栓固定扣件及扣件形式固定示意图

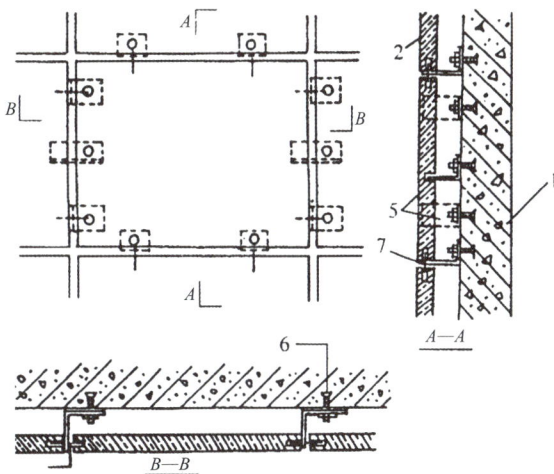

（a）安装方式示意　（b）扣件的形成

（a）板块安装立面图

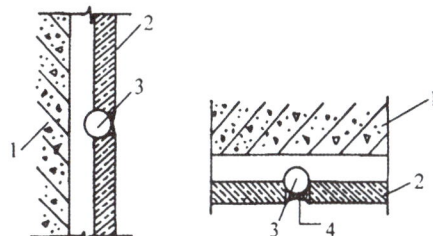

（b）板块水平接缝剖面图　（c）板块垂直接缝剖面图

图 4-11　用扣件固定大规格石材饰面板的干挂做法

1—混凝土外墙；2—饰面石板；3—泡沫聚乙烯嵌条；4—硅密封胶；5—钢扣件；6—膨胀螺栓；7—销钉

第五节　石板材的地面铺贴施工

一、施工准备

石板材地面铺贴前，应先挂线检查地面垫层的平整度。如果地面是光滑的混凝土，应先打毛，且基层表面应提前浇水润湿。然后根据设计要求确定平面标高。平面标高确定之后，在相应的立面上弹线，再根据板块尺寸挂线找中，即在房间地面取中点，拉丁字或十字线。与走廊直接相通的门口外，要与走道地面拉通线，板块布置要与十字线对称。

要根据标准线确定铺贴顺序和标准块位置。在选定的位置上，对每个房间的板块，应按纹理、色泽进行试拼。试拼后按两个方向编号排列。在房间的两个垂直方向，按标准线铺两条干砂，其宽度大于板块，根据设计要求将板块排好，以便检查板块之间的缝隙。板与板之间的缝隙如设计无规定时，大理石、花岗石一般不得大于 1 mm，水磨石不得大于 2 mm。在检查板块缝隙的同时，应对板块与墙面、柱子、管线洞孔等相对位置，确定找平砂浆的厚度。对于卫生间、浴室等有排水要求者，应找好泛水。根据试排结果，在房间主要部位弹上控制线，并引至墙上，用以检查和控制板块的位置。

二、石板材地面的铺贴施工步骤

施工前首先应将板块浸水润湿，这是保证面层与结合层黏结牢固，防止空鼓、起壳等质量通病的重要措施。

然后就可以铺水泥砂浆结合层。水泥砂浆结合层应严格控制其稠度，以保证黏结牢固及石材表面的平整度。结合层应采用干硬性水泥砂浆，因为干硬性水泥砂浆具有水分少、强度高、密实度好、成型早及凝结硬化过程中收缩率小等优点，因此采用干硬性水泥砂浆做结合层是保证板块料铺得平整、密实的一项重要措施。干硬性水泥砂浆的配合比（体积）常用 1 ：（1 ～ 3）（水泥：砂），一般采用强度等级

不低于 42.5 级的水泥配制。现场测试的方法是用手捏成团，在手中颠后即散为宜。

铺干硬性水泥砂浆结合层时，铺砂浆长度应在 1 m 以上，其宽度要超出平板宽度 20 ～ 30 mm，砂浆铺设厚为 10 ～ 15 mm，楼、地面虚铺的砂浆应比标高线高出 3 ～ 5 mm。砂浆应从里面向房间门口铺抹，然后用木尺刮平、拍实，用抹子找平，再进行试铺。

试铺的操作程序是：铺设干硬性水泥砂浆结合层后，即将板块安放在铺设的位置上，对好纵横缝，用橡皮锤轻轻敲击板块，使砂浆振实，当锤击到铺设标高后，将板块搬起移至一旁，详细检查黏结层是否平整、密实，如有孔隙不实之处，应及时用砂浆补上，后浇上一层水灰比为 0.4 ～ 0.5 的水泥浆，进行正式铺贴。

正式铺贴时，要将板块四角同时平稳下落，对准纵横缝后，用橡胶锤轻敲振实并用水平尺找平。对缝时要根据拉出的对缝控制线进行，并应注意板块的规格尺寸必须一致，其长宽误差不得超过 1 mm。锤击板块时不要敲砸边角，也不要敲打已经铺完的平板，以免造成饰面的空鼓。

对于要镶嵌铜条的地面板块铺贴，板块的规格尺寸更要求准确。铜条镶嵌之前，先将相邻的两块板铺贴平整，其拼接间隙略小于镶条宽度，然后向缝隙内灌抹水泥砂浆，灌满后抹平，而后将铜条敲入缝隙内，使之外露部分略高于板块平面。

对不设镶条的板块地面，应在铺贴完毕 24 小时后再洒水养护。一般在 2 天后，经检查确认板块无断裂及空鼓现象，方可进行灌缝。用浆壶将稀水泥浆或 1 ：1 稀水泥砂浆灌入缝内 2/3 处，并用小木条把流出的水泥砂浆向缝内刮抹。灌缝面层上溢出的水泥砂浆须在凝结前清除。再用与板面相同颜色的水泥砂浆将缝灌满。待缝内的水泥凝结后，再将面层清洗干净。

用花岗石及其他铺地石材铺地时其构造做法见图 4-12。

铺地石材的踢脚板高度一般为 100 ～ 200 mm，厚度为 15 ～ 20 mm。施工分粘贴和灌浆两种方法。施工前要用无齿锯按需要数量将阳角处的踢

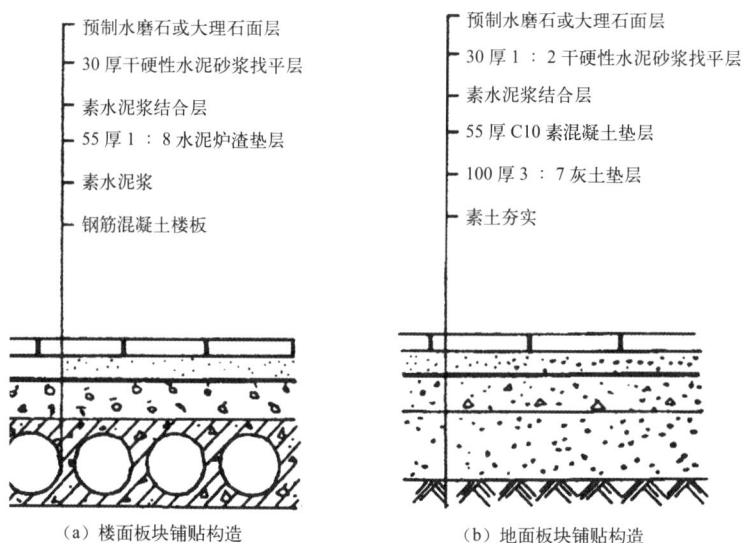

（a）楼面板块铺贴构造　　　　　（b）地面板块铺贴构造

图 4-12　铺地施工构造

脚板一端切成45°。镶贴时由阳角开始向两侧试贴，检查是否平直，缝隙是否严密，如图4-13所示。无论采取什么方法安装，均应先在墙面两端各镶贴一块踢脚板，其上沿高度应在同一水平线上，出墙厚度要一致。然后沿两块踢脚板上沿拉通线，依顺序逐块安装。

粘贴法的安装：根据墙面标筋的标准水平线，用1∶（2～2.5）水泥砂浆抹底层并刮平划纹，待底层砂浆干硬后，将已湿润阴干的石板踢脚线抹上2～3 mm素水泥浆进行粘贴，并用橡皮锤敲打平整。

灌浆法的安装：将踢脚板临时固定在安装位置，利用石膏将相邻的两块踢脚板以及踢脚板与地面、墙面稳牢，然后用稠度10～15 cm的1∶2水泥砂浆（体积比）灌缝。注意：随时把溢出的砂浆擦拭干净。待灌入的水泥砂浆终凝后，把石膏铲掉擦净，用与板色相同的水泥砂浆擦缝。

铺地石材踢脚线的构造做法见图4-14。

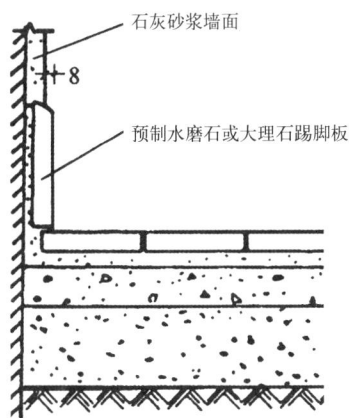

图4-13　踢脚板安装构造

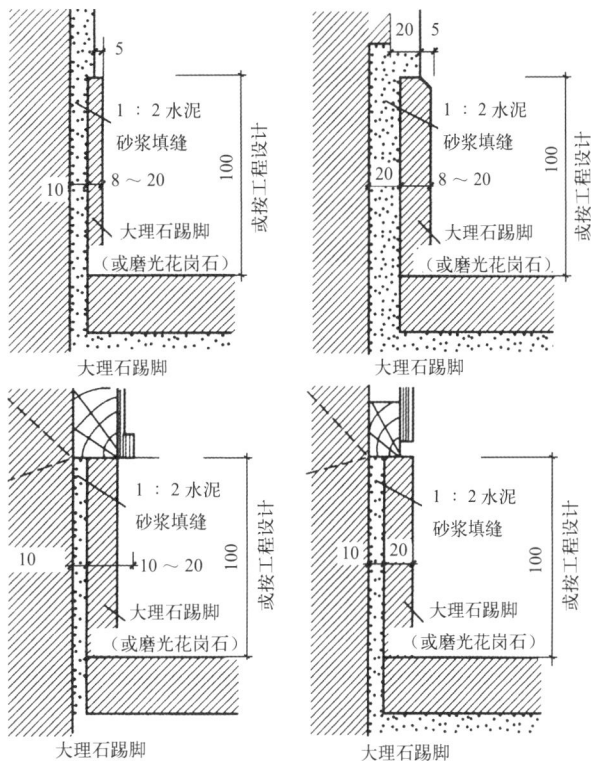

图4-14　铺地石材踢脚线构造做法

本 章 小 结 · · · ·

BENZHANG XIAOJIE

本章主要从抹灰工程入手，进而讲述地面、墙面施工，饰面砖拼贴工艺、石材湿挂与干挂工艺。

· · · · 思 考 与 练 习　　　　　　　　　　　　SIKAO YU LIANXI

1．石材干挂有哪些注意事项？
2．石材铺地有哪些准备工作？
3．铺贴过程应避免哪些问题？

泥工装修攻略　　　你知道什么是"水泥毯"吗？　　　习题与答案

CHAPTER
FIVE

第五章
木工装饰工程

■ **本章知识点**

本章主要介绍木工装饰工程中涉及的木质板材、木质墙（柱）的施工以及轻钢龙骨轻质板隔墙施工、木家具的制作与构造、木地板的施工和门窗的构造与安装等内容。

■ **学习目标**

通过本章的学习，了解木工工程的材料要求、施工准备和施工要点；掌握木质墙、柱的施工，木地板的施工；重点把握木质墙、轻钢龙骨轻质板隔墙的施工工序及工艺。

木质材料在传统的装饰工程中一直占主导地位。在现代装饰工程中，以木材作为装饰材料的仍占相当大的比例。这是因为木材具有许多其他材料不具备的优点，如加工方便、材质轻、良好的弹性、自然的纹理等，可给人以自然、古朴、温暖、亲切的感觉。木材在装饰中既可作为结构材料，又可用做装饰面材，这也是其他材料不具备的特点。虽然木材有不耐潮湿、虫蛀、不耐火等缺点，但它依然受到人们的青睐，如木材的吊顶、地面、墙面的装饰等在家居等小型装饰工程中应用广泛。此外，有关饰面材料的安装，如金属薄板、玻璃镜面、装饰面板等往往要依赖木质板材做衬板；墙纸、墙布、墙毡的裱糊或软包等装饰的施工，也常用木质板材做基层底板。

第一节 人造木质板材

凡以木材为主要原料，或以加工过程中剩下的边皮、碎料、刨花、木屑等废料进行加工处理而制成的板材，通称为人造板材。制造人造板材的目的是，节约木材，提高木材的利用率。人造板材种类繁多，在建筑装饰中常用的有以下主要品种。

一、胶合板

胶合板是利用原木，沿年轮切成大张薄片，经干燥、涂胶，按纹理交错重叠，在热压机上压制而成。胶合板的木材利用率高，材质均匀，不翘不裂，装饰性能好，是建筑装饰中应用广泛的一种人造板材。

二、细木工板

细木工板是用一定规格的木条排列胶合起来作为板芯，再上下粘贴胶合板形成的板材。它集实木板与胶合板之优点，幅面开阔，平整坚挺，可像使用实木板一样做榫眼、旋螺钉等，是制作家具常用的板材。细木工板的一般规格为 1 220 mm×2 440 mm，厚度有15 mm、18 mm、20 mm、22 mm 四种。

三、刨花板

刨花板是利用各种机械刨花或加部分碎木屑，经过干燥、拌胶、热压而成。其特点是板面平、结构均

匀密实、无疤节和木纹、不变形、不翘曲，硬度较大而质量小，可锯、钉、钻孔、胶接，加工方便，适用于制作隔墙、家具等。

四、中密度纤维板

中密度纤维板是一种国内的新型材料，其优点是内部密度均匀、强度高、无疤节和木纹。它是由木屑、刨花等木材废料经破碎、浸泡、研磨成木浆，再经热压成型、干燥处理等工序制成。因成型时温度和压力不同，纤维板分高、中、低密度三种。其常用的规格为 2 440 mm×1 220 mm，厚度有 9 mm、12 mm、15 mm 三种。

五、装饰木材

在装饰工程中用于装饰的木材可称为装饰木材。起装饰作用的木材主要有两大类，即装饰面板和装饰木线条。装饰木材在使用上的共同特点是都安装在表面，因此它们一般都要靠龙骨或底板打底。

1. 装饰面板

装饰面板的构造一般都与三层胶合板相同，由三张薄片涂胶后按纹理交错重叠，然后在热压机上加压制成。它与胶合板的重要区别就是有一层面板是用上好的木材加工制成，这层面板也就是用于装饰的贴面层。装饰面板的面层板多是用好的硬木制成。常用的面板有枫木、白榉木、红榉木、橡木、水曲柳、花梨木等。常见的规格为 2 440 mm×1 220 mm，厚度与三层胶合板相同。

2. 装饰木线条

木线条是装饰工程中各种平接面、相交面、分界面、层次面、对接面的衔接口和交接条的收边封口材料。装饰木线条在装饰结构上起着固定、连接和装饰的作用。木线条一般选用质硬、细密、耐磨、切面光滑、加工性质良好、黏结性好、钉着力强的木材，经干燥处理后，用机械加工或手工加工而成。木线条应表面光滑，轮廓分明，不应有扭曲和斜弯。可漆成各种色彩和木纹本色，进行各种拼接，也可加工成各种弧线。

木线条种类繁多、尺寸各异，从使用位置上来分大致分为两类：一类是角线，其中包括阴角线与阳角线；另一类是腰线，其中包括收边线、镶板线、腰线、内角线、吊顶角线、踢脚线、半圆线等（图 5-1）。

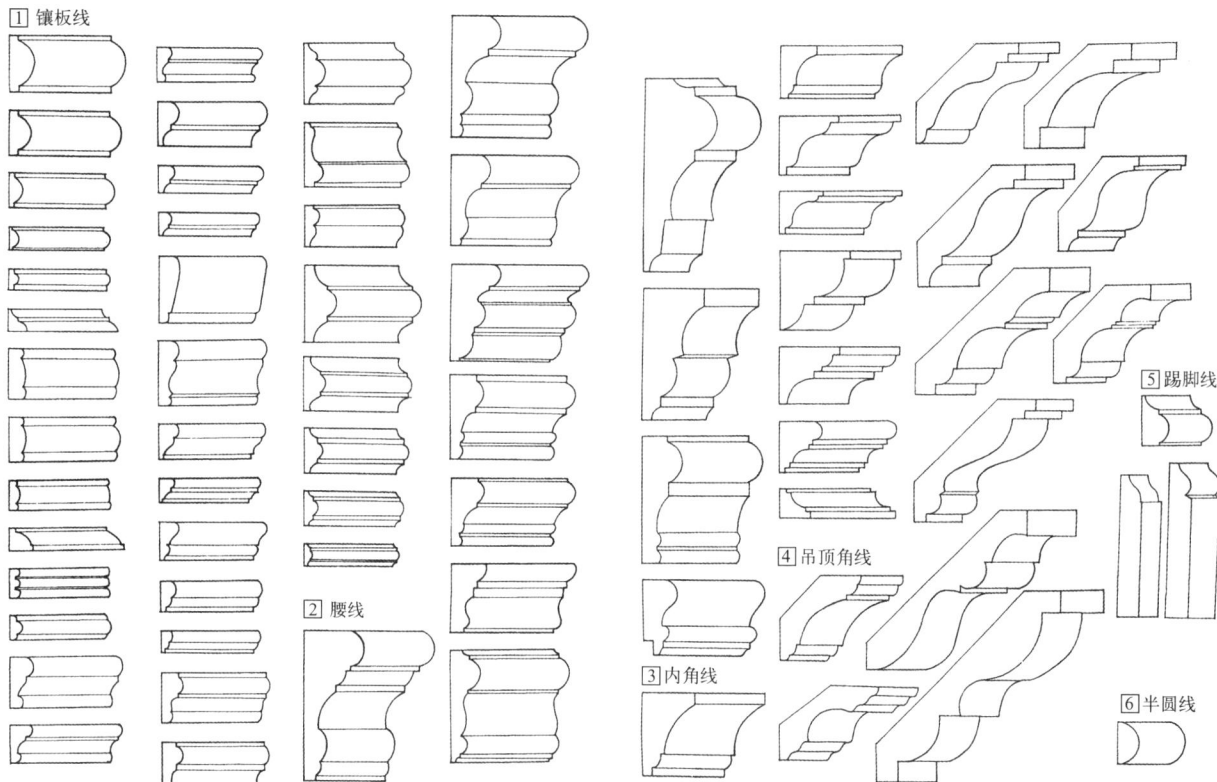

图5-1 装饰木线条

第二节 木质墙、柱的施工

一、木质墙的施工

木质墙可分为两大类:第一类为木质隔墙,第二类为饰面木质墙。两者的区别在于,前者是全部采用木材来制作墙体;后者是对建筑墙体的包装,一般是指土建中的混凝土墙或砖墙。

1. 木质隔墙的施工

木质隔墙由上槛、下槛、立筋、横档及贴板等几部分构成,除贴板部分其他均属木龙骨。用来制作木龙骨的木方多采用 40 mm×60 mm 的规格,但根据工程的需要也可采用规格更宽的木龙骨。制作木龙骨的木材一般多采用松木或杉木。

隔墙木龙骨的安装程序为:弹线→安装靠墙木骨立筋→安装上下槛→安装横档。其具体做法是,先在楼地面上弹出隔墙的边线,并用线坠将边线引到两端墙上,引至楼板或过梁的底部。根据所弹线的位置打木楔,间距在 60 mm 左右。然后钉靠墙立筋,再将上槛木龙骨托至楼板或梁底钉牢,两端要顶住靠墙立筋。再将下槛木龙骨对准地面事先弹好的隔墙边线,两端顶紧靠墙立筋底部,而后在槛上画出其他立筋的位置线。

接下来可安装立筋,立筋的间距要根据贴板的尺寸而定,贴板宽度超过 100 cm 时需增加立筋。立筋的安装要保证垂直,上下端要紧紧顶住上下槛分别用钉斜向上钉牢。然后可根据贴板的尺寸安装横档。最后在木龙骨上钉贴板。贴板的种类很多,根据情况可采用胶合板、中密度板、刨花板、麻屑板等。木隔墙构造如图 5-2 所示。

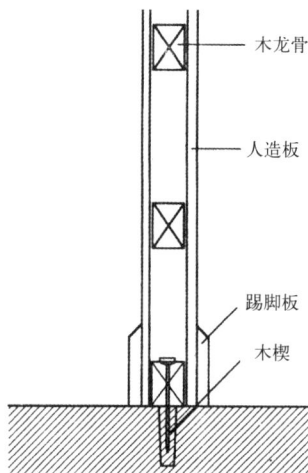

图5-2 木隔墙构造

(1)木龙骨与建筑墙体的连接。现在的室内隔墙设计,在建筑柱体结构内预埋的情况已很少。隔墙木龙骨的靠墙或靠柱安装，多采用木楔圆钉固定的方法。使用 16～20 mm 的冲击钻头在墙体或柱体上打孔，孔深不小于 60 mm，孔距 600 mm 左右，孔内打入木楔，安装靠墙竖龙骨时将龙骨与木楔用铁钉连接固定（图 5-3）。对于墙面平整度误差在 100 mm 以内的基层，要重新抹灰找平。

（2）木龙骨与地面的连接。木龙骨与地面的连接一般用 ϕ7.8 mm 或 ϕ10.8 mm 的钻头按 300～400 mm 的间距在地面打孔，孔深为 45 mm 左右，利用 M6 或 M8 的膨胀螺栓将沿地龙骨固定。对于面积较小的隔墙，也可采用木楔铁钉固定法，即在地面打 ϕ20 mm 左右的孔，孔深 50 mm 左右，孔距 300～400 mm，孔内打入木楔，将隔墙木龙骨的沿地龙骨用铁钉钉在木楔上。对于较简易的隔墙木龙骨架，也可采用高强度水泥钉，将木框架沿地龙骨钉牢在混凝土地面上。

（3）木龙骨与屋顶的连接。在一般情况下，隔墙木龙骨的顶部与建筑楼板底的连接有多种方法，如采用射钉固定连接件或采用膨胀螺栓、木楔铁钉连接等。但是隔墙上部的顶端若不是建筑结构，而是与装饰吊顶相接触时，只要求与吊顶面间的缝隙小而平直，隔墙木骨架可独自通入吊顶内与建筑楼板用木楔铁钉固定。当与吊顶的木龙骨接触时，应将吊顶木龙骨与隔墙木龙骨的沿顶龙骨钉接起来。如果两者之间有接缝，还应垫实接缝后再钉钉子。对于设有开启门扇的木隔墙，考虑到门的启闭振动及人的往来碰撞，其顶端应采取较牢靠的固定措施。一般做法是其竖向龙骨穿过吊顶面与建筑楼板底面固定，并采用斜角支撑。斜角支撑与基体的固定，可采用木楔铁钉或膨胀螺栓。

2. 饰面木质墙的施工

饰面木质墙的施工安装程序：弹线→拼装木龙骨架→安装木龙骨架→钉胶合板→贴饰面板。

用作饰面木质墙的木龙骨一般采用 30 mm×40 mm 的木方。

施工前要根据设计要求在建筑的墙体上弹线，通常按木龙骨格栅的分档尺寸在建筑墙面上弹出分格线。按照消防条例的规定，室内装饰中的木结构部分都要进行防火处理，其中包括木龙骨格栅和胶合板背部涂刷三遍防火漆。

墙面的木龙骨格栅可在地面拼装，木格栅要采用扣合榫拼装。对于面积不大的墙身，可一次拼成木格栅后，再固定安装在墙面上。对于面积大的墙身，可将拼成的木龙骨格栅分片安装固定在墙面上。安装木龙骨格栅前要用垂线法和水平法来检查墙身的垂直度与平整度。对墙面平整误差为 10～100 mm 的墙体，可进行重新抹灰修正；如误差小于 10 mm，通常不再修正墙体，而是在建筑墙体与木骨架间加木垫来调整，以保证木龙骨格栅的平整度。

木龙骨格栅的固定可采用木楔铁钉固定法。先用 16～20 mm 的钻头在建筑墙面上钻孔，钻孔的位置应在弹线的交叉点上，钻孔的孔距可在 600 mm 左右，钻孔深度不小于 60 mm。在钻孔中打入木楔，如在潮湿的地区或墙面易受潮的部位，木楔可刷上桐油，待干燥后再打入墙孔内。固定木龙骨格栅时，应将木龙骨格栅架起后靠在建筑墙面上，用垂线法检验木格栅的垂直度，用水平法检验木格栅的平整度。固定前先看木格栅与墙面是否有缝隙，如有缝隙应先用木片或木块将缝隙垫实，再用铁钉将木格栅与木楔钉牢固。

木格栅固定后，就可进行胶合板的安装。用于墙面的胶合板一般采用三层或五层。具体情况要根据木龙骨的密度而定，密度高的可采用三层板，密度低则需用五层板。钉装胶合板最好采用射钉枪，射钉枪钉的钉头可直接埋入木胶合板内，不必再做其他处理。注意：要把钉枪嘴压在板

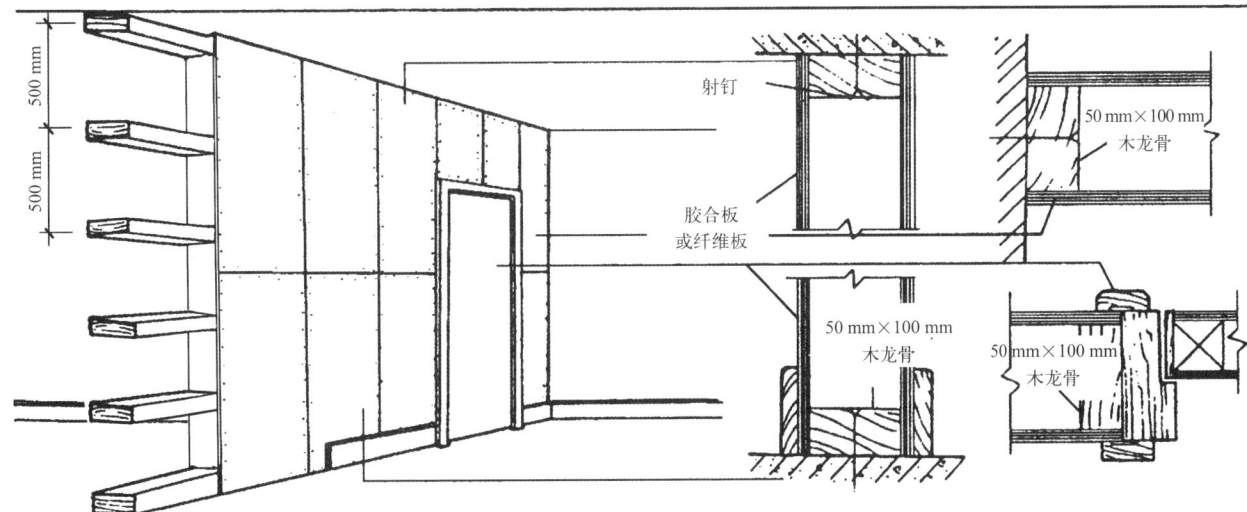

图5-3　板材隔墙

面后再扣扳机打钉，才能保证钉头埋入胶合板内。如果用铁钉钉胶合板，要将钉头打扁后方可进行钉装，钉完后还要用冲子将钉子向里冲一下，并要在钉尖上涂上防锈漆。

在胶合板墙身的基面上可贴装各种面饰，其中包括贴装饰面板、贴墙纸、镶镜面或采用多种涂饰手法等。

二、柱子的包装施工

柱子的施工程序：弹线→制作龙骨架→钉胶合板→与建筑连接→贴饰面板。柱子在装饰工程中的工程量虽然不算多，但能体现装饰的工艺和技术水平。因此要求装饰造型准确、工艺处理精细。柱子装饰的基本原则是不破坏原建筑柱体的形状，不损伤柱子的承载力。

1. 弹线

对于柱子的弹线，操作人员要具备平面几何基本知识。在柱子弹线工作中，将原建筑的方柱包装成圆柱的弹线工艺较典型，这里以方柱装饰成圆柱的弹线方法为例，介绍柱子弹线的基本方法。

一般画圆都是从圆心开始，求出半径后将圆画出。但圆柱的中心点因已有建筑方柱，而无法直接得到。要画出圆柱的底圆就必须用变通的方法。不用圆心而画出圆的方法很多，这里仅介绍一种常用的弦切法。

用这种方法确定圆柱底圆的步骤如下：

（1）确定方柱的基准底框。因为土建施工中柱子的尺寸都会有误差，方柱也不一定都是正方形，所以必须确立方柱底边基准方框，才能进行下一步的画线工作。确立基准底框的方法：先测量方柱的尺寸，找出最长的一条边，再以这条边为边长，用直角尺在方柱底弹出一个正方形，该正方形就是基准方框；然后标出每条边的中点（图5-4）。

（2）制作样板。用一张纸板或三层胶合板，以装饰圆柱的半径画一个半圆，剪裁下来。在这个半圆形上，以标准底框边长的一半尺寸为宽度，作一条与该半圆直径相平行的直线，然后从平行线处剪裁这个半圆。所得到的这块圆弧板，就是该柱的弦切弧样板。

以该样板的直边，靠住基准底框的四个边，将样板的中点对准基准底框边长的中点，然后沿样板的圆弧边

画线，这样就得到了装饰圆柱的底圆（图5-5）。顶面的画线方法基本相同。但基准顶框必须通过与底边框吊垂直线的方法来画出，以保证地面与顶面的一致性和垂直度。

2. 制作木龙骨架

木龙骨架主要用于木质面板贴面、防火板贴面、不锈钢饰面板及复合塑铝板等。木龙骨架可分为两半进行制作，如果柱子过大过粗，也可分为四部分进行。

柱子的龙骨分横向龙骨和竖向龙骨。横向龙骨一般需用细木工板加工成弧线，然后在其内弧根据竖向龙骨的断面尺寸开槽。开槽的间距一般可控制为300～400 cm，或以圆柱的平均分配为尺度。竖向龙骨一般均采用木方制作。竖向龙骨和横向龙骨之间可采用胶结与铁钉钉合的方法。具体的构造节点参考图5-6。

3. 胶合板的安装

用作包柱的胶合板一般采用三层胶合板，但如果弧度比较大，也可采用五层胶合板。安装胶合板前先在木龙骨外侧涂上白乳胶，然后将胶合板按木龙骨的形状包合，一边包合一边用射钉将胶合板钉在木龙骨上。如果采用铁钉，钉头必须先打扁再钉合，而且铁钉钉头部分要刷防锈漆。

4. 柱子与建筑的连接

为保证装饰柱体的稳固，通常在建筑的圆柱体上安装支撑拉杆，使之与装饰柱体骨架连接固定。支撑拉杆用木方制作，并用膨胀螺栓或射钉、木楔、铁钉与建筑柱体连接。支撑杆应分层设置，在柱体的高度方向上，分层的间隔为800～1 000 mm。支撑杆的连接固定节点如图5-7所示。

5. 饰面板的安装

采用木龙骨包柱的饰面板主要有两类：一类是贴面板，包括各种木质饰面板，如柚木板、榉木板、枫木板、橡木板、防火板等；另一类是不锈钢板，包括镜面不锈钢、亚光不锈钢、钛金板、复合铝塑板等。

贴面板类的安装均采用万能胶粘贴的方法。具体施工方法是：先将饰面板按设计要求切割后备用，然后在面板的背部刷万能胶，同时在底板上刷万能胶，待胶干至表面无粘连后，就可进行粘贴。粘贴后用铁钉在板边做临时固定。

图5-4 圆柱基准方框　　图5-5 装饰圆柱底圆　　图5-6 圆柱木龙骨架　　图5-7 柱子与建筑的连接

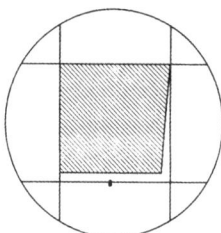

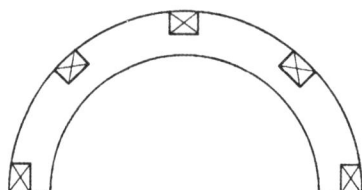

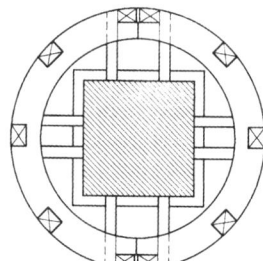

不锈钢类圆柱板的安装通常是在工厂专门加工成所需的曲面。一个圆柱一般由2~4片不锈钢曲面板组成。安装的关键在于板与板之间的接口处。安装接口的方式主要有直接卡口式和嵌槽压口式两种。

直接卡口式是在两片不锈钢板接口处安装一个不锈钢卡口槽，该卡口槽用螺钉固定于木龙骨架的相接处。安装柱面不锈钢板时，只要将不锈钢板一端的弯曲部勾入卡口槽，再用力推按不锈钢板的另一端，利用不锈钢本身的弹性，使其卡入另一个卡口槽内即可。具体构造如图5-8所示。

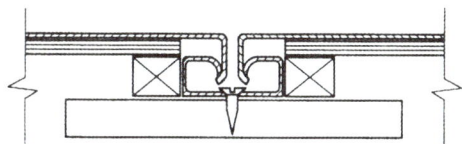

图5-8　直接卡口构造

嵌槽压口安装方法为：先把不锈钢板在对口处的凹部用螺钉或铁钉固定，再把一宽度小于凹槽的木条固定在凹槽中间，两边空出的间隙相等，其间隙宽为1 mm左右。在木条上涂万能胶，待胶面不粘手时，向木条上嵌入不锈钢槽条。不锈钢槽条在嵌入粘接前，应用酒精或汽油清擦槽条内的油迹污物，并涂一层薄的胶液。嵌槽压口安装的关键是木条的尺寸要准确，只有这样方可保证木条与不锈钢槽的配合松紧适度。安装时不可用锤大力敲击，以免损伤不锈钢表面。嵌槽压口的构造如图5-9所示。

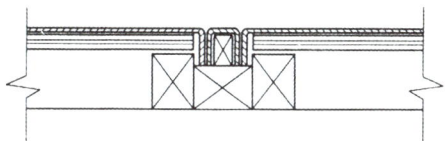

图5-9　嵌槽压口构造

6．方柱角的构造处理

方柱面的构造做法可参照墙体的做法。而角位的处理是包柱的关键。方柱的角位往往是木龙骨与木龙骨、板与板的接缝处，因此都需要进行收口处理。方柱角位通常有阳角形、阴角形和斜角形三种。

阳角最常见，其角位构造也比较简单，两个面在角位处直角相交，一般用压角线进行封角，压角线有木线条、铝角、不锈钢角或铜角等多种。其中木线条用铁钉固定，铝角或铜角可用自攻螺钉固定，而一些角型材仅用黏结法固定即可，如图5-10所示。

阴角就是在柱体的角位上做一个向内的凹角。这样的角常见于一些造型较丰富的柱子。阴角的处理可采用贴面板或木线条收边，也可采用加工的不锈钢进行处理。

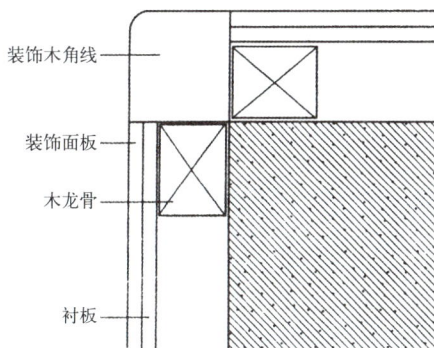

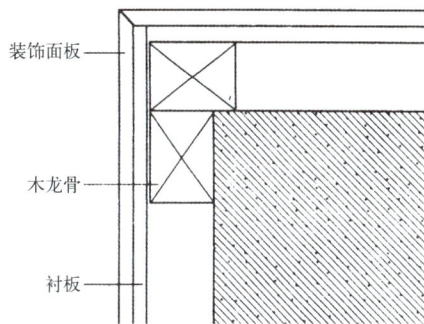

图5-10　木柱的阳角构造

斜角通常是指由两个面之间形成的45°的斜面。这种斜角既可采用45°斜面收边，也可采用弧形的木线收角方式处理。

第三节　轻钢龙骨轻质板隔墙施工

轻钢龙骨轻质板隔墙是目前室内装饰中空间分隔最常采用的墙体。轻钢龙骨与纸面石膏板组装的隔墙，具有质量小、强度高、防震、防火及隔热、隔声等优点。而且，由于不用砖砌和水泥砂浆抹灰，避免了湿作业的周期长、劳动强度高的缺点，提高了施工效率。同时，轻钢龙骨纸面石膏板隔墙装饰性强，安装简便，设置灵活，拆卸方便，并且具有不易变形的特点。常用的轻质板还有硅酸钙板、埃特板等。

一、平面隔墙施工

不同类型、规格的轻钢龙骨，能组合成不同的隔墙骨架构造，在施工中可根据设计的不同要求确定不同的龙骨布置。它的组成主要包括沿地、沿顶龙骨和竖向龙骨。有些类型的轻钢龙骨还要加贯通横撑龙骨和加强龙骨。竖向龙骨间距根据石膏板宽度而定，一般在石膏板边及板中间各装一根，间距在600 mm左右。如隔墙较高，则龙骨的间距应适当缩小（图5-11）。

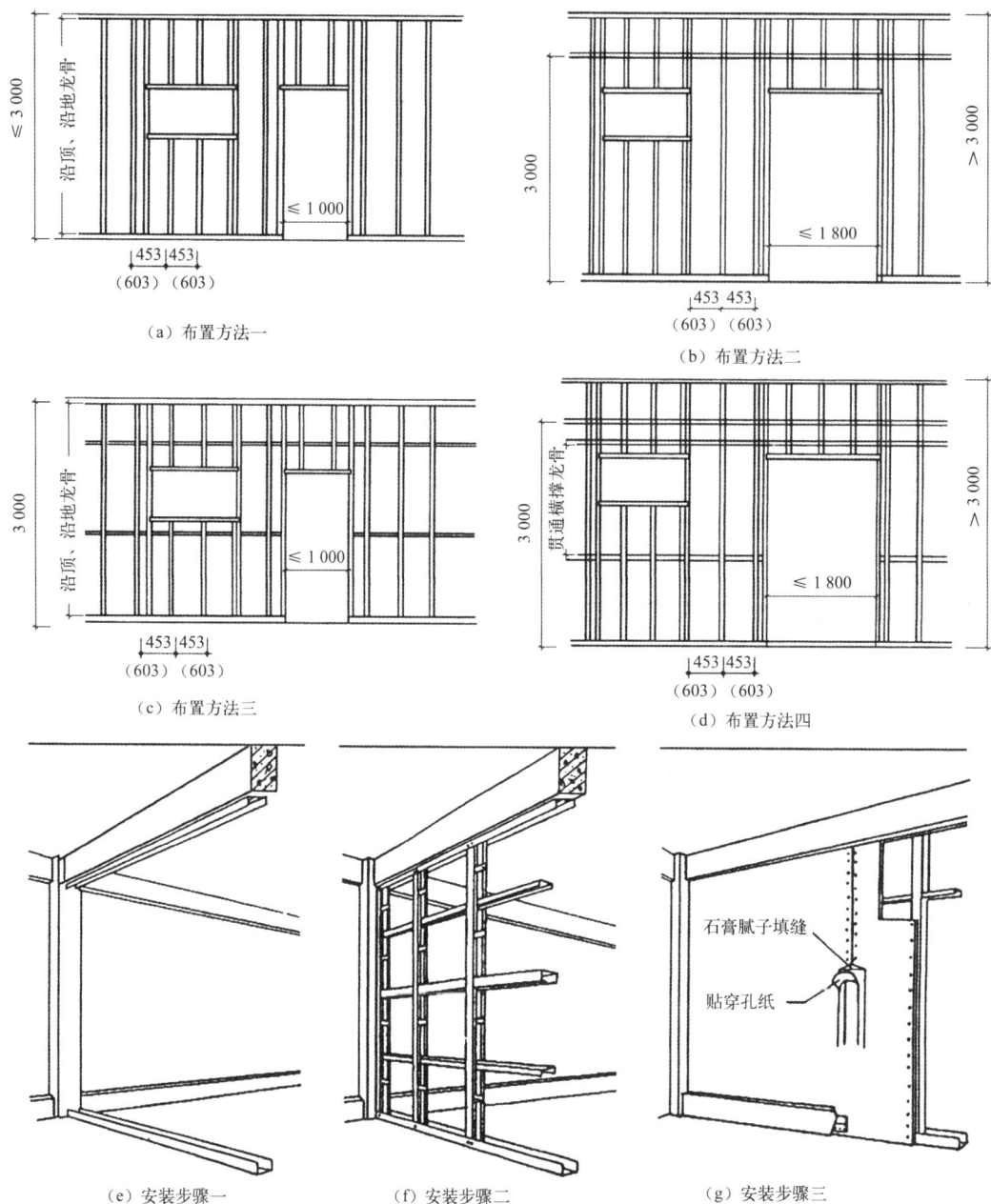

（a）布置方法一

（b）布置方法二

（c）布置方法三

（d）布置方法四

（e）安装步骤一

（f）安装步骤二

（g）安装步骤三

图5-11　隔墙龙骨排列布置及安装步骤

　　沿墙龙骨、沿柱龙骨、沿地龙骨、沿顶龙骨与主体的固定，一般用射钉或膨胀螺栓连接。竖向龙骨与横向龙骨的连接采用拉铆钉固定（图5-12）。门框和竖向龙骨的连接，视龙骨的类型有多种做法，可采用加强龙骨与门框连接，也可将木门框两侧的木框直接插入沿顶龙骨，然后固定在沿顶龙骨上。

　　为增强隔墙轻钢龙骨的强度与刚度，每堵隔墙应保证至少设置一条通贯龙骨。通贯龙骨要穿过竖向龙骨在隔墙骨架上横向通长布置。图5-13为通贯龙骨与竖向龙骨以支撑卡锁紧相交的构造形式。通贯龙骨横贯隔墙的全长，如果隔墙长度过长，就要采用接长的方法，通贯龙骨的接长要使用接长连接件组装（图5-14）。

　　在组装隔墙轻钢龙骨时，竖龙骨与横龙骨相交部位的连接要采用金属角来固定（图5-15）。如墙体内要设置配电箱、开关盒、插座等，就要在中间增加横向龙骨、穿线管和暗盒，其做法如图5-16所示。

二、曲面隔墙施工

　　要将墙体加工成圆曲面，应根据设计要求把沿顶和沿地龙骨切割成锯齿形，并在顶面和地面上固定，然后按150 mm的间距设竖向龙骨（图5-17）。曲面墙体的曲面半径不可太小，否则会影响装饰效果。

竖向龙骨
支撑卡
支撑卡
30～60
自攻或拉铆钉
沿地或沿顶龙骨

（a）横龙骨与竖龙骨连接

墙体
竖向龙骨
铆眼及垫圈
≤100
≤100
沿地或沿顶龙骨

（b）龙骨与墙连接

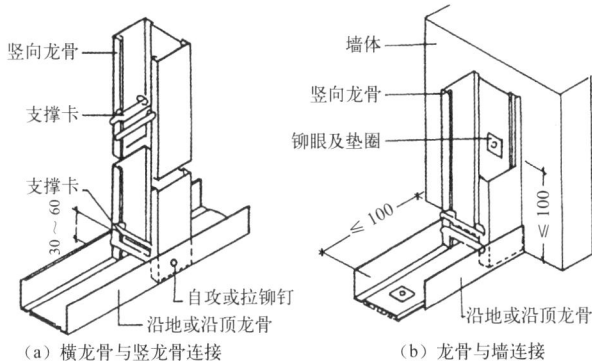

图5-12　墙体龙骨连接

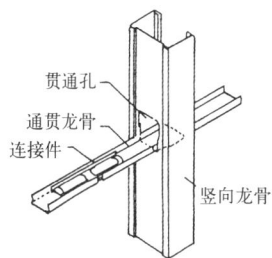

贯通孔
通贯龙骨
连接件
竖向龙骨

图5-14　通贯龙骨相互连接

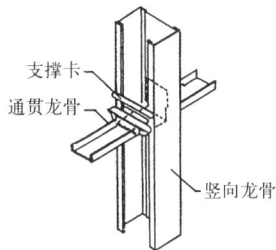

支撑卡
通贯龙骨
竖向龙骨

图5-13　通贯龙骨与竖向龙骨连接

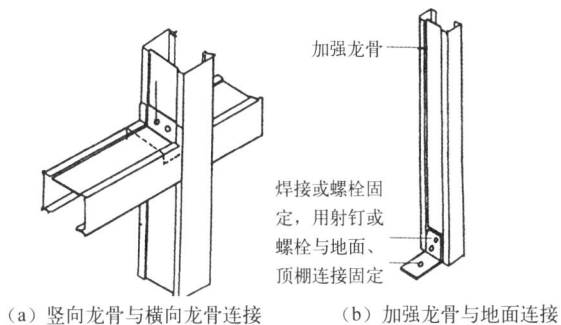

加强龙骨
焊接或螺栓固定，用射钉或螺栓与地面、顶棚连接固定

（a）竖向龙骨与横向龙骨连接　　（b）加强龙骨与地面连接

图5-15　金属角固定龙骨

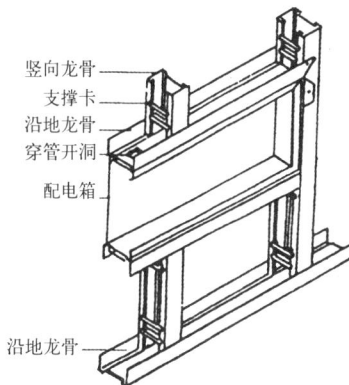

竖向龙骨
支撑卡
沿地龙骨
穿管开洞
配电箱
沿地龙骨

（a）墙体与配电箱构造连接

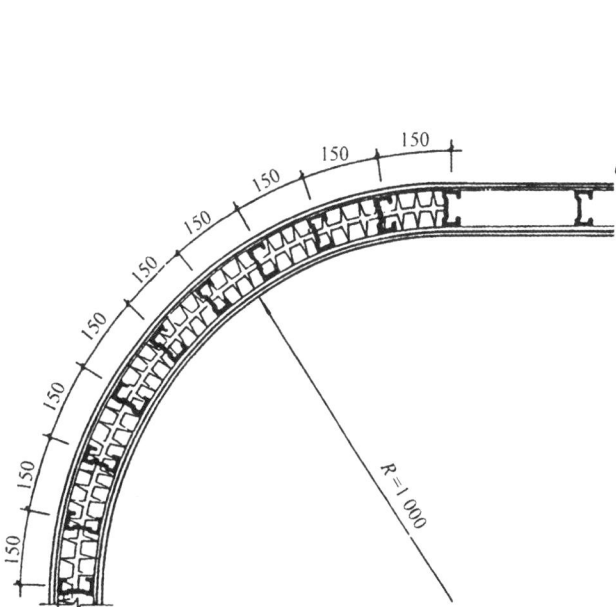

150　150
150
150
150
150
150
150
150
R=1 000

图5-17　圆曲面隔墙轻钢龙骨构造示意图

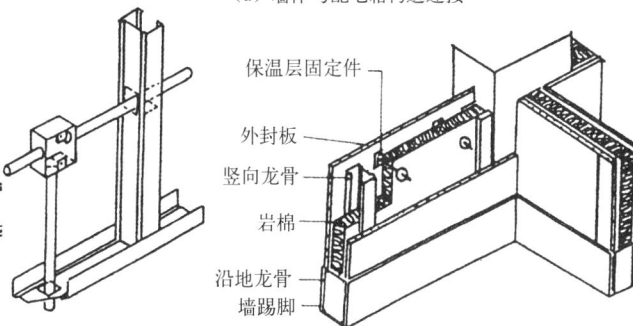

（b）隔墙内导线与开关盒连接

保温层固定件
外封板
竖向龙骨
岩棉
沿地龙骨
墙踢脚

（c）隔墙内填保温层连接

图5-16　隔墙内设线路结构

下面按轻钢龙骨隔墙的安装步骤来介绍具体的操作方法：

（1）放线。根据设计要求在地面上弹出墙体的位置线，然后用垂直吊线的方法将隔墙两端的墙面线标定。同时，还要分别标出竖向龙骨的位置及门洞的位置。放线的基本要求是清晰、准确，以利于下一步施工。

（2）安装沿顶和沿地龙骨。在安装沿顶和沿地龙骨之前，应按设计要求设墙基，如设计无具体要求也可不设。然后在地面和顶棚设置横向龙骨，在龙骨与地面、顶面接触处应铺填橡胶条。按设定的间距用射钉枪或冲击钻打钉或打孔，安装膨胀螺栓，将沿地和沿顶轻钢龙骨固定在地面或顶梁上。

（3）安装竖向龙骨。根据轻质板的宽度设置竖向龙骨。竖向轻钢龙骨要按长度要求切割，然后放置在沿地与沿顶的龙骨之间，翼缘要朝轻质面板方向。在门洞处要设竖向龙骨并增加加强龙骨。最后在沿顶和沿地龙骨与竖向龙骨的交合处打孔，用拉铆钉铆固，并安装支撑卡固定竖向龙骨。

（4）安装横撑和通贯龙骨及墙体内管线。在竖向龙骨上打孔安装卡托与横撑连接，安装通贯龙骨，并根据要求敷设墙内暗装管线、暗盒、配电箱等。

（5）安装罩面轻质板。轻质板的安装位置要依轻钢龙骨的位置而定，基本原则是板的四边都要靠在轻钢龙骨上，以便固定。板边与板边都应保持 7 mm 左右的间隙，其作用是防止墙体的裂缝。墙体的填缝处理及表面修饰可参考涂饰工程。轻质板与轻钢龙骨采用自攻螺钉连接。螺钉的间距，板边部分为 200 mm，中间部分为 300 mm。自攻螺钉要尽量深入板内，不可凸出板的表面。板面安装完成后，可在设有暗盒及配电盒等部位挖洞安装开关、插座、配电盒等。

第四节　木家具的制作与构造

装饰工程中需制作的木家具主要是各类柜台、桌等，但这类家具与标准家具有所区别，其与室内的设计、风格、尺度等关系比较密切。在现代装饰中，家具的制作一般采用板式结构或板框结合的构造方式，而且一般的木家具都是由若干零部件按照一定的接合方式配合而成。木家具的接合方法大致有两种：一种是榫接合，另一种是五金件接合。接合方式的合理与否直接影响家具的美观和强度。

一、榫槽结构

榫槽是一种传统的木结构方式，是将一个构件做

成榫，另一个构件做成榫槽或榫眼，然后将榫插入槽中的结合方式。

榫头与榫眼在配合上要求榫眼的长度要比榫头短 1 mm 左右，榫头插入榫眼时，木纤维受力压缩后，将榫头挤压紧固。榫头既不能太紧，也不能太松。如榫眼料的模木纹横向挤压过大，会使榫眼胀裂而影响质量。

在木制家具中，用榫结构组合的家具占有很大的比例。榫的种类较多，主要可分为木方连接榫和木板连接榫两大类。

（1）中榫。这种榫比较常见，榫头在中间，两边都有榫肩，不易扭动，坚固耐用（图5-18）。

（2）边榫。在两种型号的木料厚度不一时或在构件需要的情况下可采用边榫（图5-19）。

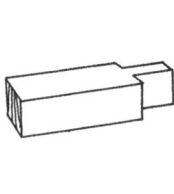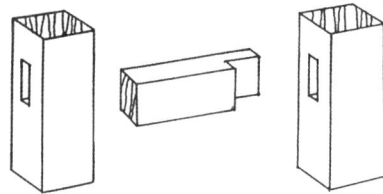

图5-18　中榫　　　　　　　　图5-19　边榫

（3）燕尾榫。燕尾榫多用于移动或常开启部位，榫头两侧呈扇形。根据榫的规则和尺寸，在另一个构件中剔一缺口，榫头横向插入缺口内，并利用榫头两侧的斜面夹住固定（图 5-20）。

（4）扣合榫。扣合榫常用于格子造型、橱壁中间部位，以及吊顶、墙面的木龙骨格栅中的连接部位（图 5-21）。

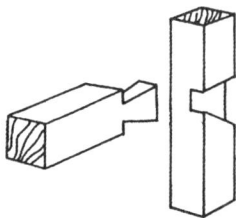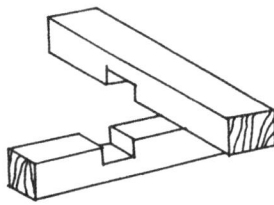

图5-20　燕尾榫　　　　　　图5-21　扣合榫

（5）大小榫。大小榫的榫根大、榫端小，采用不易损害榫眼的木料，多用于两榫头交叉的部位（图5-22）。

（6）双榫。双榫用于木料宽度大而厚度较小的板材与木方结合的部位（图5-23）。

（7）夹角榫。夹角榫多用于框架的转角，以插接的方式进行连接，有夹角穿榫和翘皮夹角穿榫两种不同的形状。

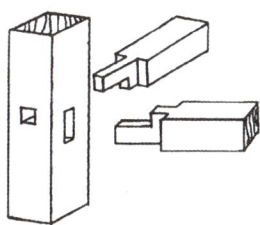
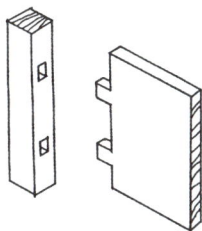

图5-22 大小榫　　　　　　图5-23 双榫

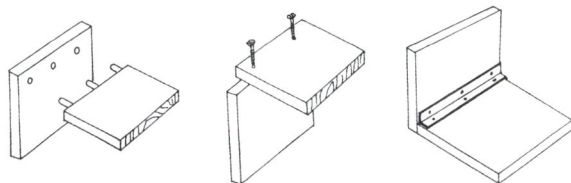

图5-27 板式固定结构连接

（8）夹头榫。夹头榫是案形结体家具常用的一种榫卯结构。四只腿足在顶端出榫，与案面底的榫眼对拢。腿足的上端开口嵌夹牙条及牙头，使外观腿足高出牙条及牙头之上。这是案形结体家具常用的一种榫结构。至今还在广泛使用。

（9）马牙榫。马牙榫常用于板式家具的连接，尤其是以抽屉、夹角板角位连接为多（图5-24）。

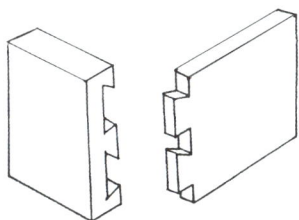

图5-24 马牙榫

（10）板类多头榫。板类多头榫多用于板类的交接处（图5-25）。

（11）板类扣合榫。板类扣合榫用于板与板的交接处（图5-26）。

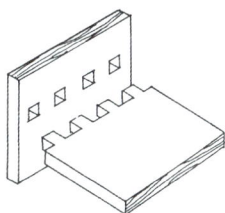
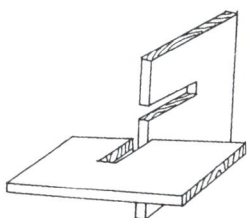

图5-25 板类多头榫　　　图5-26 板类扣合榫

（12）板类夹角结合榫。板类夹角结合榫主要有六种，其中最常用的是夹角交叉榫结合和夹角榫交叉结合。

二、板式家具的连接方式

板式家具的连接方式较多，主要分为固定结构连接与紧固件连接两种。

（1）固定结构连接。这种连接方式常用于安装后不再拆装的家具及室内固定装饰设置中的板式结构。其连接方法主要采用铁钉、木螺钉、圆棒销等。常见的固定连接方式见图5-27。

（2）紧固件连接。紧固件即结构连接件，是拆装式家具的主要结构形式，其材料有金属、塑料、尼龙等。

三、木家具的组装方法

1. 组装的要点

木家具组装有部件组装和整体组装。装配之前，要将所有的部件加工完后备用，然后按顺序逐件进行装配。装配时应注意构件的部位与正反面。

有些装配部位需要涂胶，要涂刷均匀，装配后将挤出的胶液擦去。装配需要锤击时，要将构件的锤击部位垫上木块或木板，有秩序地进行。各种五金配件的安装要到位，安装要紧密严实，避免结合处出现歪斜、松动。

2. 木方框架组装

木方框架组装时，一般先装侧边框，再装底框和顶框，最后将边框、底框和顶框连接装配成整体框架。每种框架以榫接或钉接后，要进行对角测量并校正其垂直度和水平度，合格后再钉后背板固定。后背板可采用五层胶合板钉接。

3. 板式框架组装

板式家具不一定都靠榫来连接，绝大部分采用铁钉或其他连接紧固件连接。板式家具对板件的基本要求是尺寸严密，板面平整光洁，能够承受一定的荷载。板式家具在组装时，要先从横向板与竖向板的侧板开始连接。横向板与竖向板组装连接完成后，进行检查和校正其方正度，接下来安装顶板和底板，最后安装背板（图5-28）。

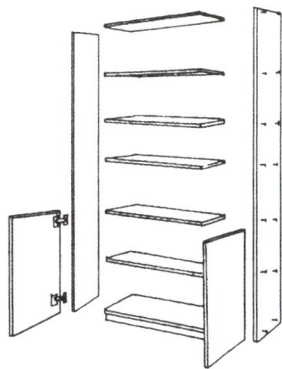

图5-28 板式家具组装示意

4. 家具门扇的构造

家具门扇的制作有三种方式。

（1）镶板式。先将门扇框架组合装配后再安装面板。面板的安装方式有两种：一种是木板居中，四周边框为木方，然后两边用装饰木线将面板夹住；另一种是在框架上开出企口槽，将木面板嵌装在企口槽内（图5-29）。

（2）平板式。当家具门扇的高度小于800 mm时，即可采用平板式门扇。平板式门扇一般采用多层胶合板或细木工板直接切割后做成（图5-30）。这种方法比较简单，但不适合做过大的门扇。

（3）贴板式。贴板式门扇是先用木龙骨做出门的框架，然后用胶合板贴在门扇的两面，可同时采用胶粘与射钉两种方法。然后，四边刨平后用薄木皮或封边木线封边（图5-31）。

5. 抽屉的装配

抽屉是家具的重要部件。由于家具种类和样式的不同，抽屉的形状也常有差异，主要有平齐面板抽屉和盖板式抽屉两类。其中盖板式抽屉分为面板两侧长出、三边长出及四边长出等不同样式，其主要区别均在面板上。

（1）抽屉的组装。抽屉由面板、侧板、后板和底板结合而成。为了使抽屉推拉顺滑，其后板、侧板和外形的高度、宽度应小于框架留洞尺寸并小于面板。

抽屉的夹角一般采用马牙榫或对开交接钉牢的方法连接（图5-32），

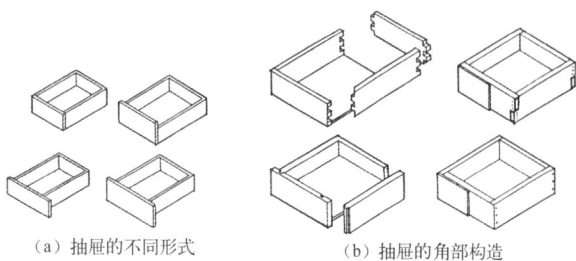

图5-29 镶板式门扇构造　图5-30 平板式门扇构造　图5-31 贴板式门扇构造

钉接的同时施胶黏结。其底板是在面板、侧边组成基本结构之后，从后面的下边推入两侧边的槽内。最后装配抽屉的后板。

（2）抽屉滑道的安装。抽屉的滑道主要有嵌槽式、轨道式和底托式三种形式（图5-33）。

嵌槽式是在抽屉侧板的外侧开出通长凹槽，在家具内边面板上安装木角或铁角滑道，然后将抽屉侧板的槽口对准滑道端头推入。

轨道式是在抽屉侧板外侧安装滑道槽，在家具内立面板上安装滑轮条，然后将抽屉侧板的滑道槽对准滑轮条推入。

底托式是最普通、最传统的抽屉滑道形式，滑道的木方条安装在抽屉下面。将抽屉侧板底边涂上蜂蜡，并用烙铁熔化，以便推拉方便。

6. 橱柜顶盖的装配

橱柜的式样较多，顶盖的形式也比较丰富，其构造类型有凹凸式、平面式、围边式等。一般的平面式顶盖装配可在橱柜整体装配过程中同时安装，其他顶盖形式可在主体装配完毕后再进行安装。顶盖的安装一般都采用胶粘加钉接的固定方法。

7. 木家具的边角收口

（1）边缘的收口。边缘收口一方面装饰了家具，另一方面还可对固定台面边缘、连接家具立面与底脚交界等起到遮挡和美化作用。通过封边和收口，板件内部不易受到外界的温度、湿度的较大影响而保持一定的稳定性。常用的收边材料有平木线、半圆木线、装饰木线及薄木片等。

平木线、半圆木线或其他装饰木线，均采用钉胶结合的方法。薄木片的封边收口一般采用胶结的方法。

（2）衔接过渡收口线条。在现代家具及室内陈设装置中，常用几种饰面材料进行面层装饰且在平面布置中存在着多种变化。在两种饰面材料之间或造型的转折变化部位采用衔接过渡的线角处理，既可遮盖缝隙及加工缺陷，又能丰富造型和美化外观。一般采用胶钉结合的方法，钉位应在收口线的侧边或线脚的凹陷处，并将钉头钉入表面。

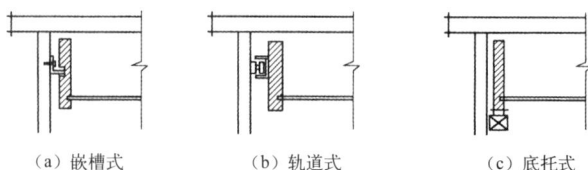

（a）抽屉的不同形式　　　（b）抽屉的角部构造

图5-32 抽屉的装配

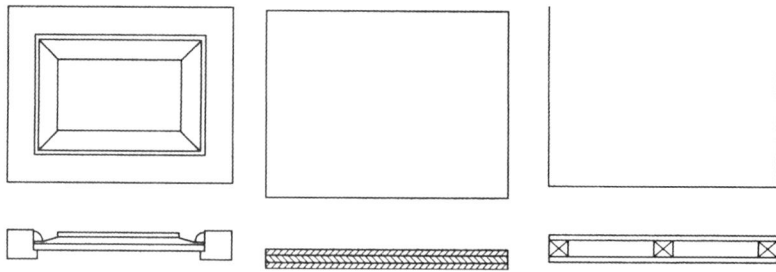

（a）嵌槽式　　　（b）轨道式　　　（c）底托式

图5-33 抽屉滑道的形式

第五节　木地板的施工

室内装饰工程中的木地板铺设通常采用架铺和实铺两种。架铺是在地面上先铺设木龙骨，再在木龙骨上铺基垫板，最后在基垫板上铺拼木地板。实铺是在建筑地面上直接拼铺地板。实铺地板的板材长度一般在30 cm以内。

一、木地板的材料准备

（1）架铺木龙骨。通常用作架铺的木龙骨材料为50 mm×50 mm或40 mm×60 mm断面的松木或杉木木方。木方应进行相应的干燥处理，其含水率不应大于18%。

（2）基垫板。用作基垫板的板材很多。可采用实木板，常用松木、杉木或桦木板，其含水量应小于12%，厚度在20 mm左右。还可采用人造板材，如胶合板（最好是九层胶合板）、刨花板（厚度为25 mm左右）。

（3）拼木地板。用作面层的拼木地板要选用坚硬、耐磨、纹理美、色泽匀、耐朽、不易变形开裂的木材。目前市场上常用的材料有柞木、枫木、榉木、柚木、橡木、核桃木、云香木、花梨木、樱桃木等。

木地板有单块板式、带嵌槽式、小单元拼花组合式，这些木地板通常已由木地板生产厂家经窑干法干燥后，再经加工制成。检验木地板的质量，可将木地板放在玻璃板上，检查薄厚是否一致。要求公差不得超过0.5 mm；企口间的缝隙不得超过0.2 mm；无裂纹、木结、虫蛀及色差。

（4）地面防潮防水剂。地面防潮防水剂主要用于地面基础的防潮处理，常用的防水剂有再生橡胶、沥青防水涂料、高效防水涂料等。

（5）胶结材料。地面与木地板的直接粘贴常用环氧树脂胶和石油沥青。木基面板与木地板粘贴常用309胶、利时得胶或白乳胶等。

二、木地板的铺设构造

（1）粘贴式木地板。铺设粘贴式木地板前应首先在混凝土结构层上用1：3水泥砂浆做15 mm厚找平层，然后采用高分子胶粘剂，将木地板直接粘贴在地面上。

（2）实铺式木地板。实铺式木地板基层采用梯形截面木格栅（俗称木楞），木格栅的间距一般为400 mm，中间可填一些轻质材料，以降低人行走时的空鼓声，并改善保温隔热效果。为增强整体性，在木格栅之上铺钉毛地板，最后在毛地板上钉接或黏结木地板。在木地板与墙的交接处，要用踢脚板压盖。为散发潮气，可在踢脚板上开孔通风。

（3）架空式木地板。架空式木地板是在地面先砌地垄墙，然后安装木格栅、毛地板、面层地板。因家庭居室高度较低，这种架空式木地板很少在家庭装饰中使用。

三、木地板装饰的基本工艺流程

（1）粘贴法施工工艺。粘贴法施工工艺的流程：基层清理→涂刷底胶→弹线、找平→钻孔、安装预埋件→安装毛地板、找平、刨平→钉木地板、找平、刨平→钉踢脚板→刨光、打磨→油漆→上蜡。

（2）强化复合地板施工工艺。强化复合地板施工工艺的流程：基层清理→铺设塑料薄膜地垫→粘贴复合地板→安装踢脚板。

（3）实铺法施工工艺。实铺法施工工艺的流程：基层清理→弹线→钻孔、安装预埋件→地面防潮、防水处理→安装木龙骨→垫保温层→弹线、钉装毛地板→找平、刨平→钉木地板、找平、刨平→装踢脚板→刨光、打磨→油漆→上蜡。

四、木地板施工要领

实铺地板要先安装地龙骨，然后进行木地板的铺装。

龙骨的安装方法：应先在地面做预埋件，以固定木龙骨，预埋件为螺栓及铁丝，预埋件间距为800 mm，从地面钻孔下入。

木地板的安装方法：实铺实木地板应有基面板，基面板使用大芯板。

地板铺装完成后，先用刨子将表面刨平刨光，将地板表面清扫干净后涂刷地板漆，进行抛光上蜡处理。

所有木地板运到施工安装现场后，应拆包在室内存放一个星期以上，使木地板与居室温度、湿度相适应后再使用。

木地板安装前应进行挑选，剔除有明显质量缺陷的不合格品。将颜色花纹一致的铺在同一房间，有轻微质量缺陷但不影响使用的，可摆放在床、柜等家具底部使用，同一房间的板厚必须一致。购买时应按实际铺装面积增加10%的损耗一次购买齐备。

铺装木地板的龙骨应使用松木、杉木等不易变形的树种，木龙骨、踢脚板背面均应进行防腐处理。

铺装实木地板应避免在阴雨等天气条件下施工。施工中最好能够保持室内温度、湿度的稳定。

同一房间的木地板应一次铺装完，因此要备有充足的辅料，并及时做好成品保护，严防油渍、果汁等污染表面。安装时挤出的胶液要及时擦掉。

木地板铺贴时要确保水泥砂浆地面不起砂、不开裂，基层必须清理干净。基层不平整，应用水泥砂浆找平后再铺贴木地板。基层含水率应不大于15%。粘贴木地板涂胶时，要薄且均匀。相邻两块木地板高差不超过1 mm。

五、踢脚板施工

铺木地板的房间四周墙脚处都需设木踢脚板。踢脚板的高度一般为100～200 mm，厚度为15～20 mm。踢脚板的材质最好与木地板面层所用材料相同。踢脚板的材质有实木踢脚板、复合踢脚板、PVC踢脚板，其价格从高到低，尺寸规格也不尽相同。

1. 踢脚板的种类

（1）标准踢脚板。这种造型较为大方，适用于所有空间（图5-34）。

（2）镶木踢脚板。这是一种新型的踢脚板。其线条清晰，个性十足，背后还可以通过管线，非常方便（图5-35）。

（3）高踢脚板。它的尺寸适用于旧房改造。其时尚和耐用也适用于新的建筑（图5-36）。

（4）粗条踢脚板。其优点就是可以让地板和墙壁之间留下更大的伸缩空间（图5-37）。

（5）凹圆形踢脚板。凹圆形踢脚板能够更好地掩盖旧的踢脚板和新装地板之间的接缝（图5-38）。

2. 踢脚板安装施工

（1）选择踢脚板。踢脚板的材质、色彩、纹理最好与面层相协调。常用的规格为150 mm×（20～25）mm（宽×厚），背面开槽，以防翘曲。其他要求同面层。

（2）踢脚板施工要点。

①安装踢脚板是在木地面刨光后，墙面抹灰罩面完毕后进行。因为踢脚板是立在地面上，而不是与地面垂直相交。

②木踢脚板是成品，现场按设计标高将踢脚板固定在预埋木砖上。木砖应进行防腐处理，位置及标高应正确。安装前，先按设计标示将控制线弹到墙面上，使木踢脚板与标高控制线重合。

③用圆钉固定，钉头应平均沉入板面3 mm左右，刷油漆前先用腻子刮平。钉子的长度是板厚度的2.0～2.5倍，间距不宜大于1 500 mm。

④木踢脚板背面应刷防腐剂，在90°转角部位重做45°斜角接缝。踢脚板与墙面应贴紧，上口平直，钉接牢固。

图5-34 标准踢脚板　　图5-35 镶木踢脚板　　图5-36 高踢脚板　　图5-37 粗条踢脚板　　图5-38 凹圆形踢脚板

第六节　门窗工程施工

建筑装饰工程中所用的门窗种类很多，按材质分为木门窗、铝合金门窗、钢门窗、塑料门窗、特殊门窗以及配件材料；按其功能可分为普通门窗、保温门窗、隔声门窗、防火门窗、防爆门窗等；按其结构形式可分为推拉门窗、平开门窗、弹簧门窗、自动门窗等。

本节主要介绍装饰木门窗、铝合金门窗的制作及安装、涂色镀锌钢板门窗、塑料门窗、微波自动玻璃门、全玻璃地弹门的安装。

一、木质门窗工程

门窗在装饰中具有使用和美化的双重作用，因此门窗的种类样式非常丰富，按开启方式可分为平开门窗、推拉门窗、折叠门、旋转门。门窗在建筑的内外立面和室内装饰效果上的作用非常明显。

传统的木质窗主要作为建筑物的采光、通风之用，现在已被钢窗、铝合金窗、塑料窗所取代，现代的木质窗常见于室内的二次装饰工程中。木质门也由传统的镶板门发展为蒙板门（又称夹板门）、高级饰面夹板门和高级实木门。

在使用材料上，现代的木质门窗比传统的大有改进，以前是用普通木材（如杉木或松木），加工做成门窗框、门窗扇，装上玻璃，刷上普通的油漆就交付使用。现代木质门窗除使用杉木、松木制作外（常做底层骨架材料），还常使用其他贵重木材制作（如柚木、花梨木、樱桃木、橡木等），或在门窗框、门窗扇外表贴上一层贵重木材饰面夹板，刷上高级的清漆才交付使用。

1. 木质门窗的制作工艺

木质门窗的制造工艺，可归纳为选料、开料、装料。

（1）选料。选择木方时，木方不能有腐朽、斜裂、大节疤或多节疤等，这些都会影响木方的强度；同时，木方必须干燥，否则木方日后干燥收缩会产生变形。木方一般都需四面刨光才能使用，其尺寸应比设计尺寸大 4～5 mm。

（2）开料。根据设计要求，对木料进行刨面、截料、凿眼、倒棱等加工。对要进行二次饰面包装的，要注意预留尺寸。

（3）装料。对于门窗框、扇的拼装，要注意框扇的平整、方正及牢固。

2. 木质门窗的安装工艺

木质门窗的安装工艺，可归纳为装框、装扇、饰面、油漆、装玻璃。

（1）装框。在门窗洞中弹（或吊）好垂直线，根据设计要求将门窗框固定。

（2）装扇。门窗扇安装要注意调整门窗扇的平直，留缝大小一致，符合要求，一般门竖缝留 2～3 mm，窗竖缝留 2 mm。

（3）饰面。二次饰面指对门窗扇、门窗框进行整体的饰面板包装，对各边、口用实木线条进行收口装饰。

（4）油漆。根据设计要求选用油漆，施工工艺详见油漆工程。

（5）装玻璃。门窗玻璃安装，安装过程中要注意保护门窗漆面。

3. 木门窗的构造图解和外观

（1）常见木门窗构造及开启方式。常见木门窗的构造见图 5-39，常见木门的开启方式见图 5-40。

（2）常见木门外观。在现代的装饰木门窗中，镶板门以贵重实木制作最常见，通常也称实木门，其表面立体造型多；夹板门表面一般以平面形式最多，其表面可以用不同的木饰面拼贴各种图案，或用木装饰线条钉拼各种图案，在门板中可以镶入百叶窗、装饰玻璃等。常见木门的外观形式见图 5-41。

4. 木门窗的制作和安装验收标准

木门窗的制作和安装验收标准见表 5-1 和表 5-2。

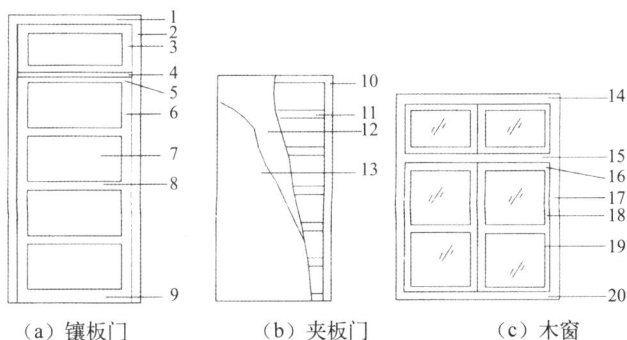

（a）镶板门　　（b）夹板门　　（c）木窗

图5-39　木门窗的构造

1—框冒头；2—门框桄；3—上窗桄；4—中贯档；5—门扇上冒头
6—门扇桄；7—门心板；8—门扇中冒头；9—门扇下冒头
10—竖木枋；11—横木枋；12—4 mm 夹板；13～20—木饰面板

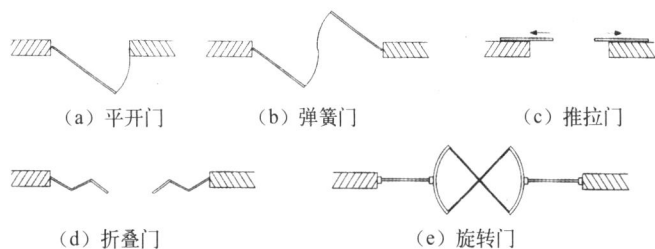

（a）平开门　　（b）弹簧门　　（c）推拉门

（d）折叠门　　（e）旋转门

图5-40　常见木门的开启方式

(a) 实木门形式　　　　　　　　　(b) 夹板门形式

图 5-41　常见木门的外观形式

表 5-1　装饰木门窗制作验收标准

项次	检查项目	构件名称	允许偏差 /mm		
			I 级	II 级	III 级
1	翘曲	框	3	3	4
		扇	2	2	3
2	对角线长度	框扇	2	2	3
3	胶合板、纤维板门 1 m² 内平整度	扇	2	2	3
4	高、宽	框	+0 -1	+0 -2	+0 -2
		扇	+0 -1	+2 -0	+2 -0
5	裁口、线条和结合处	框扇	0.5	1	1
6	冒头或棂子对水平线	扇	±1	±2	±2

表 5-2　装饰木门窗安装验收标准

项次	检查项目	允许偏差 /mm		
		I 级	II 级	III 级
1	框的正侧面垂直度	3	3	3
2	框的对角线长度差	2	3	3
3	框与扇接触面平整度	2	2	2

二、铝合金门窗工程

铝合金材料是由纯铝加入锰、镁等金属元素而成，具有质轻、高强、耐蚀、耐磨、韧度大等特点。铝合金材料经氧化着色表面处理后，可得到银白色、金色、翠绿色、米黄色、青铜色和古铜色等几种颜色，其外表色泽雅致、美观，经久耐用。

铝合金材料在室内装饰中的使用日益广泛，通常适用于门窗、百叶窗帘、卷帘门、顶棚、幕墙、招牌饰柜等装饰。尽管铝合金门窗的大小尺寸及样式有所不同，但同类铝合金门窗采用的铝型材相同，所采用的施工方法也基本相同。

1. 铝合金门窗的制作及安装

铝合金门和铝合金窗的制作及安装、工艺顺序是一样的，只是使用的型材不同而已。但个别铝合金门还有地弹簧的安装，铝合金门窗的制作及安装工艺，可归纳为门窗扇制作→门窗框制作→门窗框安装→门窗扇安装→调节→封胶→门窗锁安装。

2. 铝合金推拉窗

铝合金推拉窗型材及组成详见图 5-42 至图 5-44。

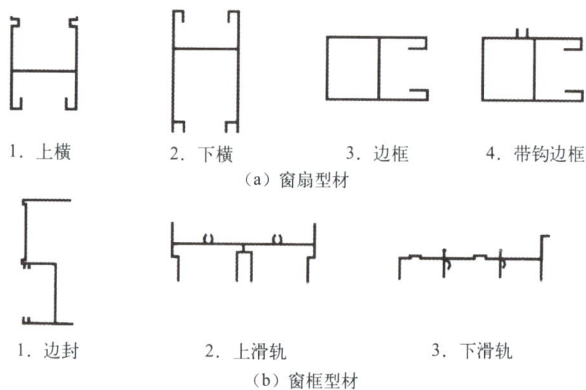

1. 上横　　2. 下横　　3. 边框　　4. 带钩边框

(a) 窗扇型材

1. 边封　　2. 上滑轨　　3. 下滑轨

(b) 窗框型材

图 5-42　铝合金推拉窗框扇型材图

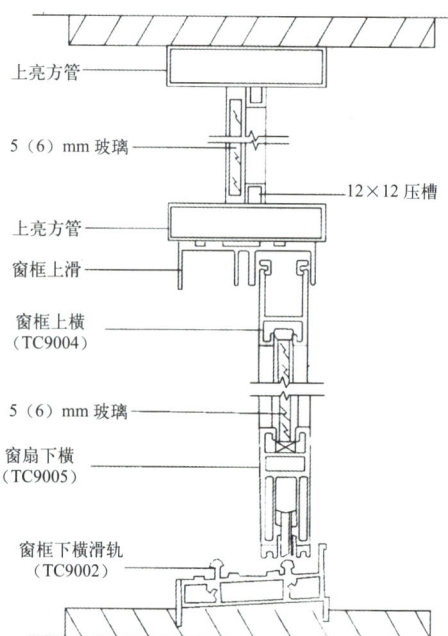

图 5-43　铝合金推拉窗的组成

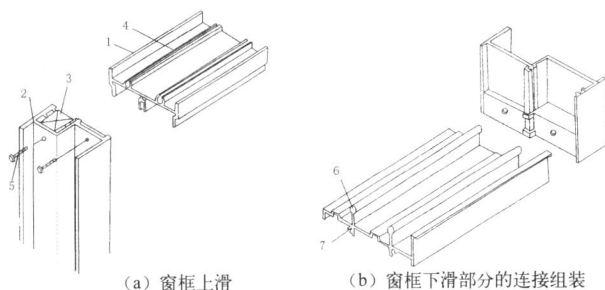

(a) 窗框上滑　　　　(b) 窗框下滑部分的连接组装

图5-44　铝合金推拉窗窗框组成图解

1—上滑道；2—边封；3—碰扣胶垫；4—上滑道上的固紧槽
5—自攻螺栓；6—下滑道的滑轨；7—下滑道下的固紧槽孔

三、其他门窗工程

1. 涂色镀锌钢板门窗

涂色镀锌钢板门窗是一种新型金属门窗，是以彩色镀锌钢板和3～5 mm厚平板玻璃或中空双层钢化玻璃为主要材料，经机械加工制成。门窗四角用插接件插接，玻璃与门窗交接处及门窗框与扇之间的缝隙，全部用橡胶条、玛琦脂密封，或由其他建筑密封膏密封。它具有质量小、强度高、采光面积大、防尘、隔声、保温、密封性能好、造型美观、款式新颖、耐腐蚀、寿命长等特点，主要适用于商店、超级市场、实验室、教学楼、办公楼、高级宾馆、各种影剧院及民用住宅、高级建筑。

2. 塑料门窗

塑料门窗是以聚氯乙烯或其他树脂为主要原料，以轻质碳酸钙为填料，添加适量的助剂和改性剂，经双螺杆挤压机挤出各种截面的空腹门窗异型材，再根据不同的品种、规格选用不同截面的异型材进行组装。因塑料的变形大、刚度差，一般在空腹内嵌装型钢或铝合金型材加强，从而增强塑料门窗的刚度，提高塑料门窗的牢固性和抗风能力。因此塑料门窗又称"塑钢门窗"。它具有线条清晰、造型美观、表面光洁细腻，以及良好的装饰性、隔热性和密封性等特点。其气密性为木窗的3倍，为铝窗的1.5倍；热损耗为金属门窗的1‰，可节约暖气费20%左右；其隔声效果也比铝窗高30 dB以上。另外塑料门窗不用油漆，可节省施工时间及费用。塑料本身又具有耐腐蚀和耐潮湿等性能，在化工建筑、地下工程、纺织工业、卫生间及浴室内部使用尤为适宜，是应用广泛的建筑节能产品。

塑料门窗的种类很多。根据原材料的不同，塑料门窗可分为以聚氯乙烯树脂为主要原材料的钙塑门窗（又称"硬PVC门窗"）；以改性聚氯乙烯为主要原材料的改性聚氯乙烯门窗（又称"改性PVC门窗"）；以合成树脂为基料，以玻璃纤维及其制品为增强材料的玻璃钢门窗等。

3. 微波自动玻璃门

（1）微波自动玻璃门的应用和原理。微波自动玻璃门是一种新型自动门。其传感系统采用微波感应方式。它具有外观新颖、结构精巧、运行噪声小、功耗低、启动灵活、可靠、节能等特点，适用于高级宾馆、饭店、医院、候机楼、车站、贸易楼、办公大楼等场所。

自动门的控制电路是自动门的指挥系统。电路由两部分组成：其一是用来感应开门目标信号的微波传感器，其二是进行信号处理的二次电源控制。微波传感器利用微波信号的多普勒效应原理，对感应范围内的活动目标所引起的反应信号进行放大检测，自动输出开门或关门控制信号。

（2）微波自动玻璃门的安装。

①地面导向轨安装。铝合金自动门和全玻璃自动门地面上装有导向性下轨道。异形钢管自动门无下轨道。有下轨道的自动门在土建做地坪时，可先在地面上预埋50 mm×75 mm方木条一根，自动门安装时，撬出方木条便可埋设下轨道，下轨道长度为开启门宽的两倍。

②横梁安装。自动门上部机箱层主梁是安装中的重要环节。由于机箱内装有机械及电控装置，因此对支撑梁的土建支撑结构有一定的强度及稳定性要求，在安装过程中要特别注意。应根据横梁的跨度选用大于18号的槽钢进行焊接。

4. 全玻璃地弹门

全玻璃地弹门门扇一般不设金属保护框，在玻璃上安装转动支承轴，再安装在地弹簧和门框支点。在现代装饰工程中，采用全玻璃地弹门装饰门的越来越多，所用玻璃多为厚度在12 mm以上的厚质平板白玻璃、雕花玻璃、钢化玻璃及彩印图案玻璃等。由于地弹簧承托玻璃门的自重和控制门的开关，所以在安装中对地弹簧的挑选特别重要。全玻璃地弹门有的门扇除玻璃之外还有上下部的金属横档。框、扇、拉手等细部的金属装饰多是镜面不锈钢、镜面黄铜等展示高级豪华气派的材料。

玻璃地弹门常见的立面形式如图5-45所示。

四、门窗配件

除了各类门窗安装，还有许多与门窗配套的配件安装，如门窗套、窗台板、窗帘盒、弹簧、闭门器等。

1. 门窗套安装

门窗套是筒子板、盖缝条、贴脸板的总称。门窗套的安装要按设计要求做，一般做法为预埋木砖或用

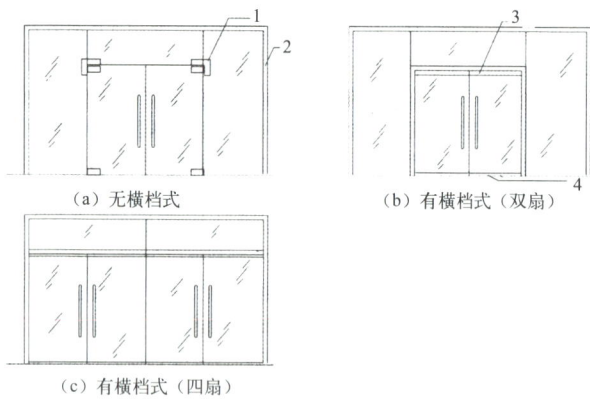

(a) 无横档式　　　(b) 有横档式（双扇）

(c) 有横档式（四扇）

图 5-45　玻璃地弹门常见的立面形式

1—"7"字玻璃夹；2—金属门框；3—上横档；4—下横档

电锤在墙体上打孔，塞塑膨胀管或木楔，间距为 200 mm；筒子板可用实木，也可用木龙骨、基层板加贴面，沿着窗口墙体侧壁固定好；贴脸板可用实木（实木线角），也可用龙骨加基层板加贴面，然后两侧用很小的实木收边，最后装盖缝条（图 5-46）。

2．窗台板安装

窗台板分木窗台板和石窗台板，有些窗台板做法与门窗套的做法相同，类似做一个"框"；另一种方式是强化窗台板的做法，即窗套呈"门"字形，筒子板、贴脸板两底部被窗台板"收"住。窗台板可以选择木质材料，也可以选择石材（图 5-47）。还有一种

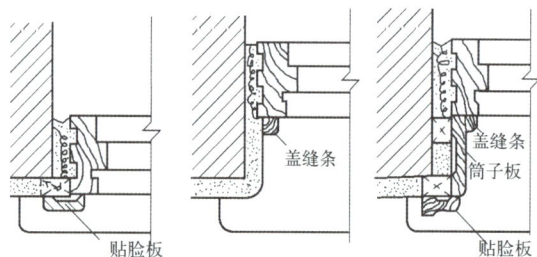

图 5-46　门窗套安装示意图

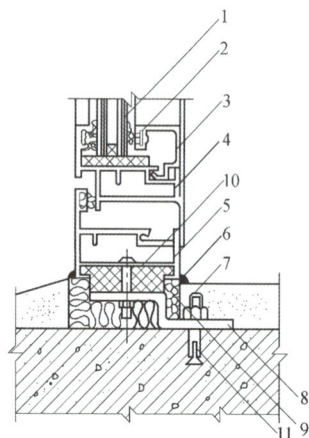

图 5-47　石窗台板的结构图

1—玻璃；2—橡皮条；3—压条；4—内扇；5—外框；6—密封膏
7—砂浆；8—地脚；9—软填料；10—塑料垫；11—膨胀螺栓

更简约的方法，就是仅有窗台板。窗台板的安装应按施工图要求进行，首先是确定台板的尺寸，如果台板超出窗洞口宽度，就要在两侧凿墙，将台板嵌入。应注意台板两端的对称和与墙面的平整性，校准后用填充物填满缝隙，抹平，要防止渗水，尤其是木材台板更要注意防潮。

3．窗帘盒安装

窗帘盒分明、暗两种，明窗帘盒一般是成品或半成品，是在施工现场加工安装而成的；暗窗帘盒常常是结合吊顶制作的，在吊顶时留出一凹槽，内装帘轨即可（图 5-48）。轨道有单轨、双轨之分；有手动的，也有电动的。窗帘盒具体安装尺寸如图 5-49 所示。

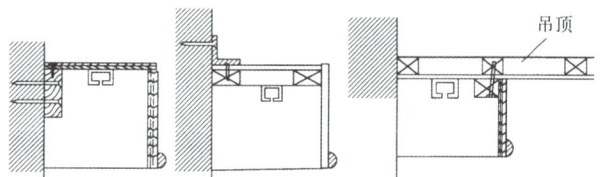

图 5-48　带轨道暗装和外接式窗帘盒的构造

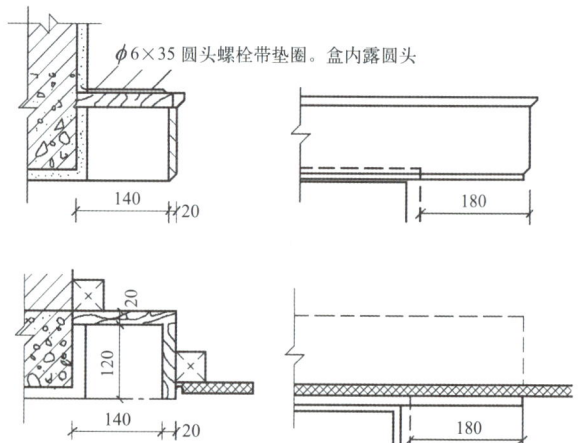

图 5-49　窗帘盒的结构尺寸图

有些窗帘不用窗帘盒，而直接安装导轨，这些导轨的材料有多种，如木杆式、铜杆式、不锈钢式等；造型各异，可以在市场中选配（图 5-50）。

图 5-50　无窗帘盒的窗帘

本章重点讲述了木工工程的施工内容，包括木质板材、木质隔墙、木家具及木地板和木门窗的加工工艺及榫槽结构等。

思 考 与 练 习

1. 细木工板在装饰过程中是如何使用的?
2. 木质隔墙的施工工序是怎样的?

木工装修攻略	日本木工工艺	习题与答案

CHAPTER SIX

第六章
吊顶工程

■ **本章知识点**

　　本章主要介绍室内装饰吊顶的施工工艺，包括木质吊顶、轻钢龙骨轻质板吊顶、金属材料吊顶和单体构件吊顶。

■ **学习目标**

　　通过本章的学习，了解木质吊顶施工的工序及工艺，以及不同种类的吊顶施工工序和各自的施工特点，重点掌握轻钢龙骨轻质板吊顶的安装方法和施工工艺。

吊顶工程是指吊顶和顶棚装饰，是室内空间六大面设计的一个重要方面。随着新工艺、新材料的应用，出现了多种多样的吊顶形式，有石膏板吊顶、矿棉板吸声吊顶、金属装饰板吊顶、网架结构吊顶等。本章主要介绍悬挂式吊顶的施工工艺。

第一节　木质吊顶施工

常规木质吊顶由吊杆、龙骨和面层三部分组合而成，其施工过程如下。

一、施工放线

1．确定标高线

首先找出房间的水平线位置，将其画在墙上，然后根据设计要求找出吊顶的高度，最后根据吊顶的高度与水平线找出吊顶的标高线。

2．确定造型位置线

对于规则的室内空间，可在一个墙面量出吊顶造型位置的距离，并按该距离画出平行于墙面的直线，再在另外三个墙面，用相同方法画出直线，便可得到造型位置外框线，再根据外框线逐步画出造型的各个局部。

对于不规则的室内空间，主要是墙面不垂直相交，或者是有的墙面不垂直相交，画吊顶造型线时，应从与造型线平行的那个墙面开始测量距离，并画出造型线。再根据此条造型线画出整个造型线位置。如果墙面均为不垂直相交，就要采用找点法。找点法是先在施工图上测出造型边缘距墙面的距离，然后量出各墙面距造型边线的各点的距离，将各点连线组成吊顶造型线。

3．确定吊点位置

对于平顶吊顶，其吊点一般是按每平方米布置一个，并在吊顶上均匀排布。对于有跌级造型的吊顶，

应注意在分层交界处布置吊点，吊点间距为 0.8～1.2 m。吊顶上如有较大的灯具，也应该安排吊点来吊挂。通常木吊顶很少有上人的，如果有上人要求，吊点应适当加密和加固。

二、木龙骨的吊装

1．安装吊点紧固件

木龙骨吊顶的吊点紧固件安装大致有三种方法：一是采用预埋，预埋件一般采用钢条或钢筋等，用来固定吊顶的吊件；二是采用金属膨胀螺栓将钢角固定于吊顶上，再将其与吊杆连接；三是用射钉将木龙骨条钉在吊顶上，再用吊杆与木龙骨连接（图6-1）。这三种方法除第一种要在土建施工中提前预埋，其他两种都可在装饰中进行。

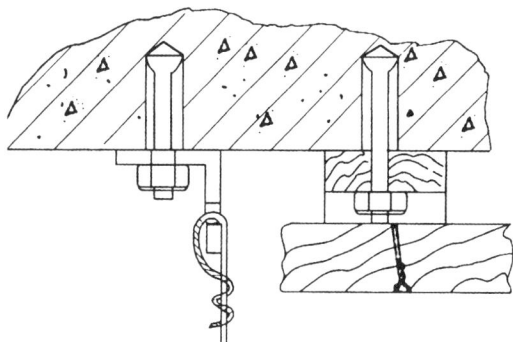

图6-1　吊点固定形式

2．木龙骨的拼接

木质吊顶的龙骨架，通常于吊装前在地面进行分片拼接，目的是方便制作、节省工时、计划用料、简化安装。

通常做法是先把吊顶面上需分片或可以分片的尺寸位置定出，再根据分片的尺寸进行拼接前安排。一般是先拼装大片的木龙骨格栅，再拼接小片的木龙骨格栅。木龙骨的拼装采用扣合榫，在中心间距每隔300 mm处开出1/2深的凹槽（图6-2）。凹槽处涂聚醋酸乙烯乳液，然后按凹槽对凹槽的方法扣合，在扣合处用铁钉固定（图6-3）。

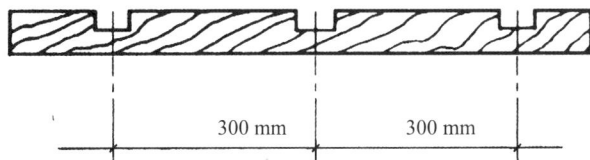

图6-2　木龙骨格栅扣合榫

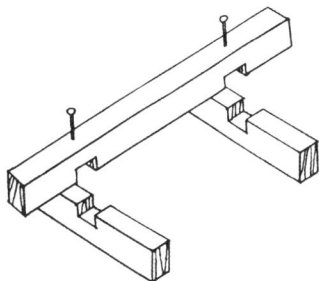

图6-3　木龙骨扣合处用铁钉固定

3. 木龙骨吊装步骤

（1）分片吊装。对于平面吊顶的吊装，通常先从一个墙角位置开始。先将扣合好的木龙骨格栅托起至吊顶标高位置。对于高度低于3.2 m的木格栅，可在龙骨托起后用高度定位杆支撑，使高度略高于吊顶标高线。高度定位杆的长度为吊顶标高尺寸。高度大于3 m时，可用铁丝在吊点上临时固定。用棉线或尼龙线沿吊顶标高线拉出平行和交叉的几条标高基准线，该线就是吊顶的平面基准。然后将木龙骨慢慢向下移位，使之与平面基准线平齐。待整片龙骨格栅调平后，将木龙骨架靠墙部分与沿墙木龙骨钉接，再用吊杆与吊点固定。

（2）与吊点固定的方法。木龙骨格栅与吊点固定的方法很多，常用方法有三种。

①用木方固定：吊杆木方与固定在建筑顶面的木方钉牢。用作吊杆的木方应长于吊点与龙骨架之间的距离100 mm左右，便于调整高度。吊杆与木龙骨格栅固定后再将多余部分锯掉（图6-4）。

②用扁钢固定：扁钢的长度应事先量好，并且在与吊点固定的端头事先打出两个调整孔，以便调整木龙骨的高度。扁钢与吊点用螺栓连接，扁钢与木龙骨用两颗木螺钉固定。扁钢端头不得超出木龙骨架下的平面（图6-5）。

③用角钢固定：可上人的吊顶一般采用角钢固定连接木龙骨格栅。用作吊杆的角钢应在端头钻2～3个孔以便调整。角钢与木龙

骨连接时，可设置在木龙骨架的角位上，用两颗木螺钉固定（图6-6）。

（3）跌级式吊顶的吊装。应先从最高平面开始，校平与吊装的方法同上。其不同之处是不与沿墙龙骨连接。

（4）分片间的连接。两分片木龙骨架有平面连接和高低连接两种。两分片骨架在同一平面时，骨架的各端头应对正，并用短木方进行加固。加固方法有顶面加固和侧面加固两种（图6-7）。

跌级平面吊顶高低面的衔接方法是先用一条木方斜位地将上下两平面木龙骨架定位，再将上下平面的木龙骨用垂直的木方条固定连接。

（5）预留位置。吊顶平面上往往需要安装灯光盘、空调风口、检修口等，在窗洞上方需要设置暗装或明装的窗帘盒等。所以在吊装木龙骨架时，应按图纸要求预留出位置，并在预留的龙骨上用木方加固或收边。

4. 木吊顶的节点处理

（1）暗装灯盘与木吊顶的衔接。木吊顶与暗装灯盘的衔接有两种：一种是灯盘与木吊顶固定连接，另一种是灯盘不与木吊顶相连而直接吊在建筑底面。

（2）灯槽与木吊顶的衔接形式。灯槽与木吊顶的衔接方法归纳起来主要有三种：平面灯槽、侧向反光灯槽、顶面半间接反光灯槽。

三、吊顶胶合板的安装

1. 胶合板的安装准备工作

（1）选板。室内装饰的吊顶胶合板以往选用三层或五层的胶合板，根据木龙骨格栅的情况而定。如果木龙骨格栅密度较小，三层胶合板便可；如果木龙骨格栅密度较大，那么最好采用五层胶合板。另外，要检查胶合板有无起鼓、变形，有无脱胶、起泡及其他难以修补并对装饰效果产生影响的缺陷。

（2）板面弹线。将挑选好的胶合板正面向上，按照木龙骨格栅的中心线尺寸弹出分格线，以保证板面在安装时，可确定将钉子钉固在木龙骨上而不钉空。

（3）板面打坡口。在胶合板的正面四边，用刨刀按45°刨出坡口，宽度2～3 mm，作为板与板之间的伸缩缝，以便在嵌缝补腻子时，将各板缝严密补实，减少缝隙的变形。

（4）防火处理。如果装饰有防火要求，应在以上工序完成后进行防火处理。方法是在木龙骨和胶合板的背面涂刷防火涂料，一般要涂刷三遍晾干后备用。

（5）工具准备。安装胶合板可采用手工工具与电动机具进行。手工工具主要是锤子，机具有电动射钉枪和气动射钉枪。电动射钉枪可直接用220 V电源，气动射钉枪需与空气压缩机配套使用。钉胶合板采用手工操

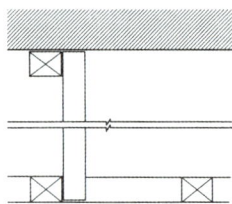

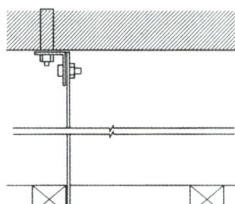

图6-4　木方做吊杆　　　图6-5　扁钢做吊杆　　　图6-6　角钢做吊杆　　　图6-7　木龙骨分片连接

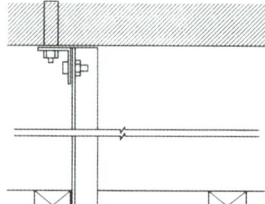

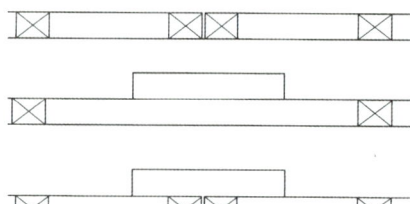

作，一般采用长 16 ～ 20 mm 的铁钉，铁钉在使用前要将钉头敲扁。射钉枪一般采用长 15 ～ 20 mm 的枪钉。

2．胶合板的安装

（1）布置胶合板。为了节省材料、避免安装错误，在装饰工程中安装胶合板需要进行事先预排。为了尽量减少吊顶明显部位的拼接缝数量，使吊顶面规整，需要对胶合板进行布置。这一点对饰面为原木色油漆的吊顶尤为重要（图6-8）。

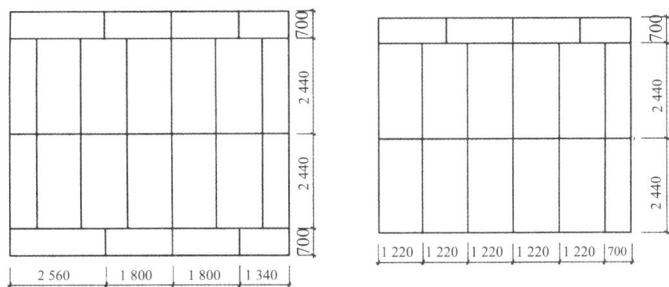

图6-8　胶合板布置

（2）留出设备的安装位置。根据施工图在木夹板上留出空调的冷暖风口、排气口、安装灯具口，也可先将各种设置的留空位置在木夹板上画出，待钉好吊顶后再切割。

（3）钉胶合板。将胶合板正面朝下，托至预定的位置，使胶合板上的画线与木龙骨中心线对齐。从胶合板的中间开始钉，逐步向四周展开。钉位可沿胶合板上的画线均匀分布，钉距在 150 mm 左右，钉头要钉入胶合板内。板与板间要留 5 mm 的间隙。钉胶合板最好采用射钉，如采用铁钉，钉装完成后要在钉头上涂防火漆。

第二节　轻钢龙骨轻质板吊顶施工

轻钢龙骨与轻质板均属现代装饰材料。这类材料的施工与传统材料相比，具有诸多优越性，在现代装饰工程中被广泛运用。

轻钢龙骨是采用镀锌薄钢板，经剪裁、冷弯、滚轧、冲压而成。轻钢龙骨主要有隔墙龙骨与吊顶龙骨。轻钢龙骨具有材质轻、刚度大、防火性能好、便于安装、施工方便、装饰效果良好等优点，适用于防火要求高的室内及高层建筑的室内装饰，如吊顶、隔墙（非承重墙）的室内装饰。

轻质板是指以纸面石膏板为典型代表的各类轻质板，其中包括硅酸钙板、埃特板、矿棉板、岩棉板等。这类板材具有防火、隔热、隔声、质轻、强度高、收缩率小、平整度好、耐腐蚀、不老化、稳定性强、施工方便等优点。

轻钢龙骨轻质板吊顶按其构造方式可分为单层龙骨吊顶和双层龙骨吊顶两种；按龙骨承受荷载能力又可分为上人吊顶与不上人吊顶两种。上人吊顶应能承受上人检修的集中活荷载。一般来说，大型公共建筑，如大型宾馆的厅堂、候车室、候机大厅、商场营业厅、影剧院、会堂、展览厅等都应采用上人吊顶，这样有利于对空调、电器、消防设备的维修和保养。

轻钢龙骨轻质板吊顶的结构由三部分组成，即吊杆、龙骨、轻质板面层。吊杆是用于连接龙骨与楼板或屋顶的承重悬挂构件。龙骨是吊顶层中纵横连接的构件，它与吊杆连接，为轻质板提供了安装节点。轻质板主要起罩面的作用。

一、普通轻钢龙骨轻质板吊顶的施工

1．备料

轻钢龙骨安装之前，应根据房间的尺寸和饰面板材的种类，按照设计要求合理布局，排列出各种龙骨的距离；统计出各种龙骨、吊杆、吊挂件及其他配件的数量；然后用无齿锯分别截取必要的龙骨备用。

2．弹线

采用水平仪或采用水柱法，根据吊顶的设计标高在周边的墙壁上弹出水平线，再根据吊顶设计标高线分别确定并弹出边龙骨和承载龙骨所在的平面基准线。根据设计，按龙骨间距弹出龙骨框格线并找出吊点中心的位置。如果有与吊顶相关的特殊部位，如上人检查或吊挂设备处等，也要同时标出。吊点的间距一般应小于或等于 1 000 mm，吊点距承载龙骨端部应小于 300 mm，以避免承载龙骨发生下坠现象。

3．安装吊杆

在安装吊杆前，先要确定龙骨骨架悬吊点，采用预埋或不设预埋而以射钉及膨胀螺栓固定连接吊杆的五金件，然后将吊杆与吊点的紧固件连接。如有预埋的，需将吊杆与预埋件焊接、勾挂、拧固或用其他方法连接；不设预埋的，则用射钉或膨胀螺栓固定吊杆或其他悬吊材料（图6-9）。

4．安装承载龙骨

承载龙骨即轻钢龙骨的主龙骨。通常是将主龙骨吊件与吊杆的下端连接，拧紧螺母待承载龙骨与吊件及吊杆安装就位后，以一个房间为单位进行调整。调整方法是旋转吊杆上的螺母以升降调平（图6-10）。

5．安装覆面龙骨

覆面龙骨即轻钢龙骨的次龙骨。次龙骨的安装是在吊顶的平面上，与主龙骨垂直，在主龙骨与次龙骨的交叉点上使用与其配套的龙骨挂件，将主龙骨与次龙骨连接固定。龙骨挂件的下部勾住次龙骨，上端包挂在主龙骨上，将其U形挂件用钳子放入主龙骨。次龙骨的中距应经计算确定，即根据吊装的轻质板尺寸而定（图6-11）。

上人龙骨和不上人龙骨在悬吊系统上吊杆连接有区别。有附加荷载的吊顶主龙骨，其吊件既要挂住龙骨，又要防止龙骨在上人时发生摆动，需把龙骨箍住。无附加荷载的吊顶龙骨，只要将吊挂件卡在龙骨的凹槽中，就可以达到悬挂的目的了。

6．安装横撑龙骨

横撑龙骨也要采用覆面龙骨，与次龙骨平行并垂直布置。它由覆面龙骨截取，安装时将端头插入挂件，扣在纵向的主龙骨上，用钳子把挂件弯入承载龙骨形，在它与横向布置的覆面龙骨的垂直相交点使用配套的龙骨支托，将在同一平面上相互垂直的龙骨连接固定。组装好之后，横向覆面龙骨应与纵向横撑底面齐平。

7．安装纸面石膏板

纸面石膏板的罩面大多采用横向安装。吊顶面的排布一般从整张板的一侧开始，向另一侧逐步拼装。板与板之间要留有宽度为7 mm左右的缝隙。纸面石膏板要在自由状态下进行铺钉，以免造成凸鼓等现象。同时要注意，必须由板的中部向四边循序固定，不可采用多点同时施工。

纸面石膏板与轻钢龙骨的覆面龙骨进行连接紧固时，通常用自攻螺钉进行钉装，钉距在170 mm左右。自攻螺钉进入轻钢龙骨的深度以大于9 mm为宜。螺

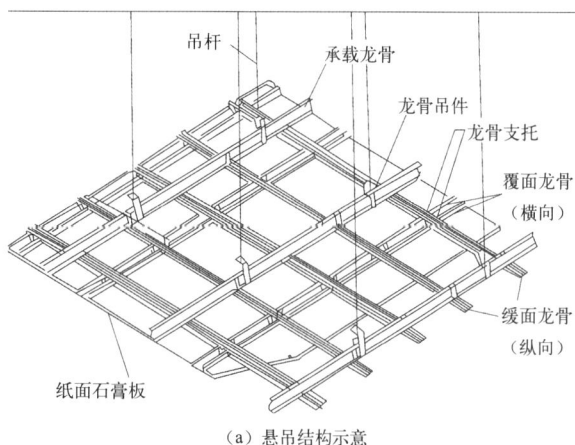

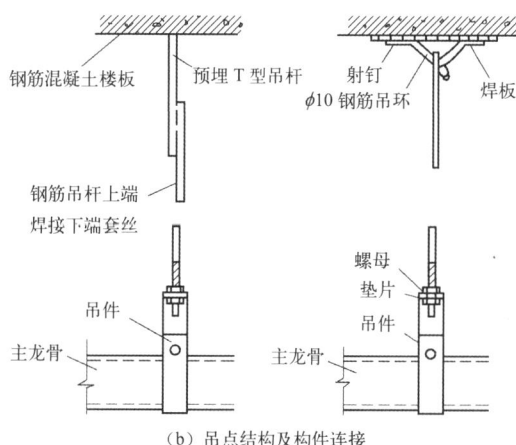

（a）悬吊结构示意

（b）吊点结构及构件连接

图6-9　吊杆的安装

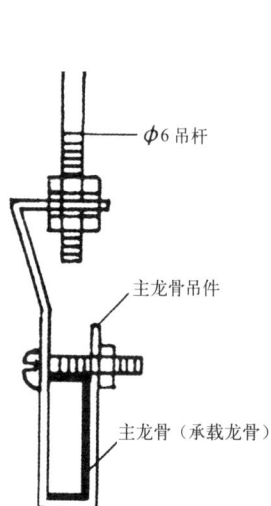

图6-10　承载龙骨的安装

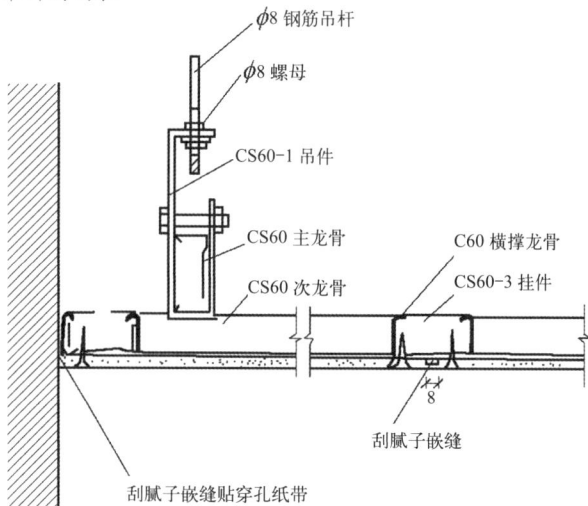

图6-11　轻钢龙骨吊轻质板构造图

室内装饰材料与施工工艺

钉头应略埋入板面,但不能使板材纸面破损。板的拼缝处必须是在宽度不小于40 mm的覆面龙骨上, 短边要错缝安装, 错缝距离不小于300 mm。一般是以一个覆面龙骨的间距为基数,逐块排铺。

二、T形轻钢龙骨吊顶施工

T形龙骨有两种:一是铝合金龙骨,一是烤漆龙骨(以钢板成型外表烤漆)。T形龙骨吊顶是以C形主龙骨做骨架,通过扣挂件,将T形龙骨联系起来,然后由T形横撑龙骨进行接插连系,组成方形或矩形龙骨架,其作用是上面可浮搁各种吸声罩面板,组成活动式装配吊顶(图6-12)。

T形龙骨吊顶有明龙骨吊顶和暗龙骨吊顶两种形式,明龙骨吊顶是露出龙骨构架的吊顶,而暗龙骨吊顶是看不见龙骨构架的吊顶。用明龙骨吊顶,更换灵活,占用空间小,适用于顶部设备多、管道设备需要经常维护的情况(图6-13)。

一般来说,这种形式的龙骨是不上人的,吊杆可以采用直径为8 mm或6 mm的钢筋,吊点距离以900~1 200 mm为宜,吊杆吊在主龙骨上,如无主次龙骨之分,吊杆就吊在通长的龙骨上(图6-14)。

在这类吊顶上安装灯具,必须另行安装吊钩,不能将灯具直接装在T形龙骨上(图6-15)。

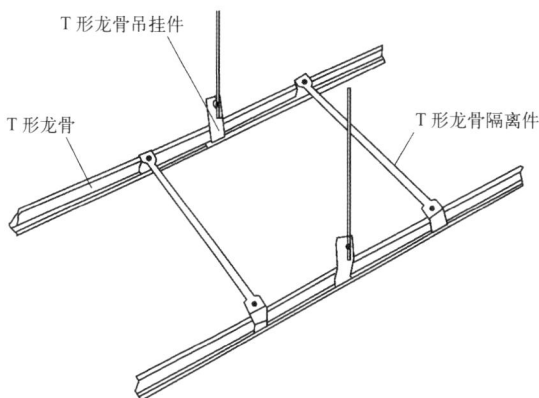

图6-12 T形龙骨构件

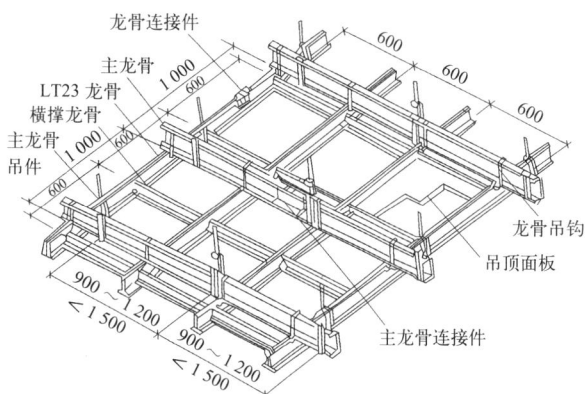

图6-13 明龙骨吊装结构图

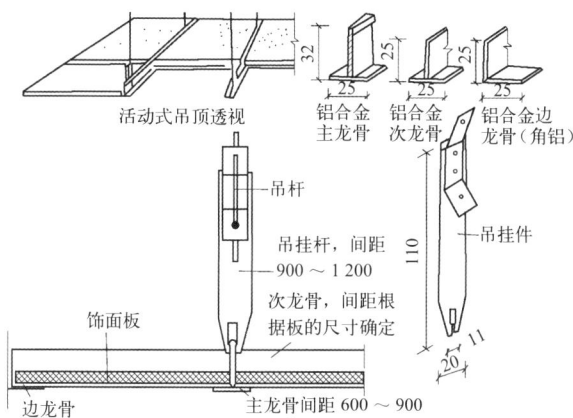

图6-14 安装T形龙骨吊顶示意图

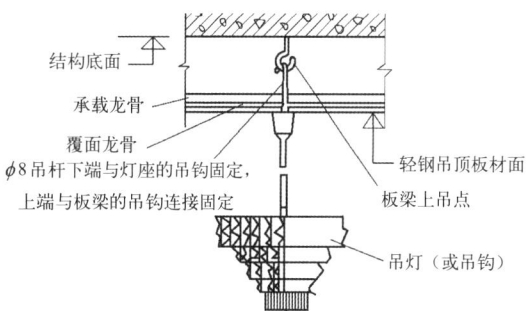

图6-15 在T形龙骨上安装灯具

第三节 金属材料吊顶施工

随着经济和科学技术的发展,金属材料在吊顶中应用越来越广泛,特别是铝合金制品材料,由于其质轻、表面光洁,表面有多种处理方法,能体现当代技术和美学特点,深受人们喜爱,在一些公共建筑尤其是在大型公共空间应用广泛,如机场、车站、科学馆、展馆等。金属材料吊顶的形式多样,有吸声板、装饰板、格栅板等(图6-16)。

一、金属微孔吸声板安装

金属微孔吸声板是带微孔的金属吊顶材料，它不仅达到了吸声的功能要求，也是吊顶表面处理的一种艺术形式。常见形式有圆孔、方孔、长圆孔、长方孔、三角孔，且孔的排列方式可以变化，还可以组成不同的图案。金属微孔吸声板是现代发展起来的一种新型降噪声装饰材料，其质轻，有一定的强度，有良好的耐腐蚀性，可被机械加工成各种规格和形态，又具有良好的防火、防水性能，结构方式多样，安装方便，造型美观，可以在各种条件下使用（图6-17）。

1．安装施工要点

施工前全面检查标高线、中心线和龙骨布置的弹线，检查龙骨的平直度，只有龙骨平直，才能保证板面大面积平直。要考虑好与各界面相连的处理方式（收口），以保证吊顶饰面各部位达到理想的装饰效果（图6-18）。

2．安装方法

金属微孔吸声板一般都比较宽，这就要求板壁要加厚，以增加其刚度，当然还可以采用冲凹凸加强筋来解决刚度问题。在安装此类板时，可选择用螺钉或自攻螺钉固定在龙骨上的形式，也可以用卡口的形式，具体采用何种方法固定，应根据吊顶的造型、板材的截面和结构方式来定（图6-19）。

二、金属装饰板安装

金属装饰板用于吊顶工程，其形式多样、色彩丰富、形态各异，在表面处理上分为阳极氧化处理、烤漆处理及喷涂处理；从形态上可分为条形板、方形板、异形板；从表面装饰效果分，有花纹板、穿孔吸声板、波纹板、压型板等；从材料分，有镀锌板、塑料复合钢板、彩色不锈钢板等；从安装形式上分，有嵌式板、悬挂板等（图6-20）。

图6-16　金属材料吊顶

图6-17　金属微孔吸声板

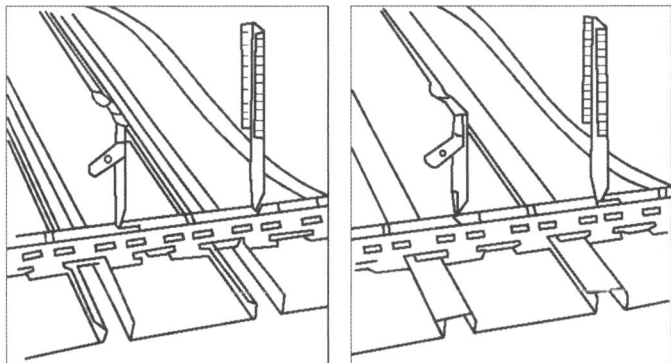

图6-18　吊顶收口处理

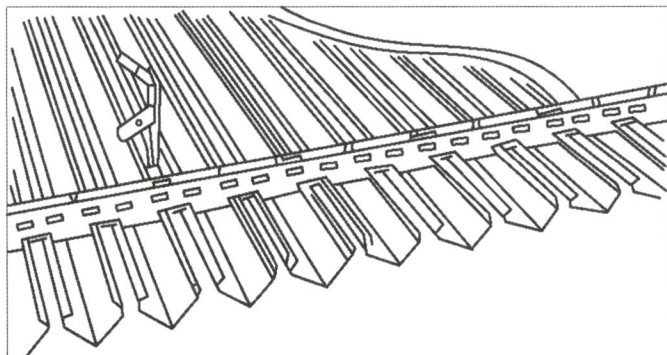

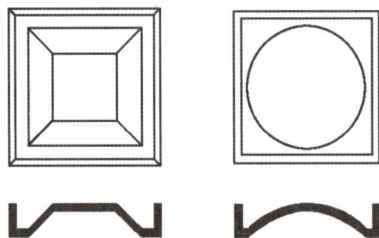

图6-19　金属微孔吸声板的截面形状

图6-20　用金属做成的悬挂式吊顶

1．安装施工要点

由于金属装饰板形式多样，其安装方式也多样，但归纳起来，其固定方法基本有两种。

（1）卡式固定法。卡式固定法就是利用金属板本身具有的弹性，将板材卡到龙骨上，龙骨兼具卡具和骨架的双重作用。一般来说，这种形式固定的金属板材和龙骨都是配套的。运用这种方法固定，安装简便，拆卸也很简单（图6-21）。

（2）螺钉固定法。螺钉固定法是将板材用螺钉或自攻螺钉固定在龙骨上的一种方法，龙骨可以不配套，也就是说可用类似方管型材做龙骨，将板材直接固定在方管或其他型材上（图6-22）。

2．金属装饰板安装出现的问题及解决的方法

在金属装饰板安装的过程中，往往会出现一些问题，这里简单介绍一下常出现的问题和克服此类问题的方法。

（1）吊顶不平

造成吊顶不平的因素有以下几点：

①水平线控制不好。一是放线时没有控制好；二是龙骨没有调平整。放线一定要放准，主要是水平管放线有误差，一般误差不能超过5 mm；另外，拉线没有控制好，线比较松，会造成放线不水平，以致吊顶不平。

②装饰板安装不当，龙骨未调平就安装板材，然后再调平时，板材受力不均，产生波浪形状。克服方法是严格按工序进行施工（图6-23）。

③在装饰板上吊重物，使板材产生局部变形（图6-24）。克服方法是重物应该另外安装吊筋，脱离与顶面的联系。

④吊顶牢固度不够，局部下沉。这种情况一般是吊筋材料选择不当，有时用细铁丝代替吊杆，并且没有拉直，铁丝在长期承重的情况下，被拉直后造成下沉，或者在固定各个结构件时，没有调整好，以致松动。解决方法是检查结构件的连接牢固度，关键部位要做拉拔试验（图6-25）。

（2）金属装饰板出现的问题

①金属装饰板表面不美观，板面不平整、不洁净、颜色有色差、污染、反锈等缺陷。克服方法是在选材时，要选择同批次生产的板材，安装前进行检验，合格后再进行安装。

②金属装饰板接缝形式不符合设计要求。解决办法是施工时拉缝和压条尽量宽窄一致，平直、整齐，接缝应严密。

③轻钢骨架金属装饰板顶棚施工过程中会出现偏差。解决办法是按照国家标准允许偏差项目要求进行施工，见表6-1。

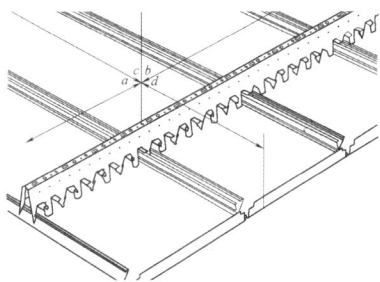

图6-21　卡式固定法

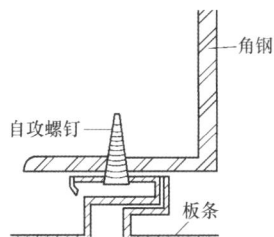

图6-22　螺钉固定法

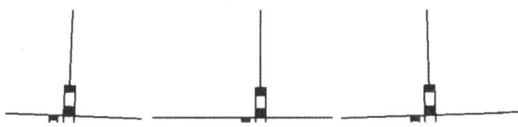

图6-23　龙骨未调平即安装板材而造成的吊顶不平

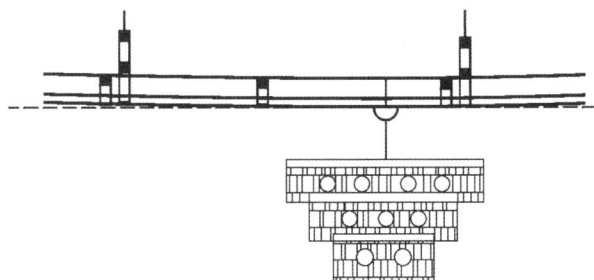

图6-24　安装重物使吊顶受拉而变形

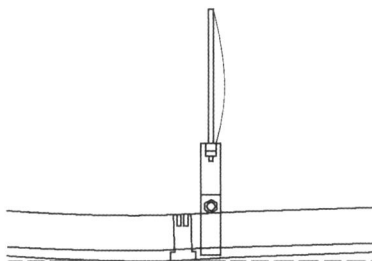

图6-25　吊顶因牢固度不够而变形

表 6-1　轻钢骨架金属装饰板顶棚允许偏差

项次	项类	项目	允许偏差 /mm				检验方法
			铝塑板	单铝板	条扣板	方扣板	
1	龙骨	龙骨间距	2	2	2	2	尺量检查
2		龙骨平直	2	2	2	2	尺量检查
3		起拱高度	±10	±10	±10	±10	拉线尺量
4		龙骨四周水平	±5	±5	±5	±5	尺量或用水准仪检查
5	面板	表面平整	1.5	1.5	1.5	1.5	用 2 m 靠尺检查
6		接缝平直	1.5	1.5	1.5	1.5	拉 5m 线检查
7		接缝高低	0.5	0.5	1	1	用直尺或塞尺检查
8		吊顶四周水平	±3	±3	±3	±3	拉线或用水准仪检查
9	压条	压条平直	1	1	1	1	拉 5m 线检查

第四节　单体构件吊顶施工

单体构件吊顶是指预制单体造型物件，然后经组装吊于顶面的吊顶形式。随着新材料、新技术、新工艺的发展，各种新的吊顶形式不断涌现，如运用铝合金材料、玻璃钢材料、塑料材料，甚至石膏加纤维材料做成的单体物件，被人们运用于各类空间的吊顶（图6-26）。

一、铝合金单体构件

铝合金材料软硬适度，色彩漂亮，不锈，易成型，是首选的单体吊顶材料。单体构件可以有两种形式：一种是封闭式，也就是将原建筑顶部完全遮蔽；

另一种是开敞式，也就是"露顶"，人们可以看到构件背后的原貌。铝合金单体构件吊顶大多采用开敞式，一般是以某种建筑吊顶的方盒子式或方格子式的单体构件，通过上下开口的单体的规律排列和单体内的灯具光源组合，形成独特的空间艺术效果。这种单体构件还可以同照明的布置结合起来，甚至就用灯具来组成单体构件，进行顶部的装饰（图6-27）。

铝合金单体构件形式多样，如铝合金格栅单体构件，这种构件可以通过构件间的组合，形成大面积的吊顶造型，它通常的规格为 610 mm×610 mm，表面可以采用阳板氧化膜，也可采用漆膜（图6-28）。

另外，采用铝合金装饰板制成的单体构件通常制成一定的花纹图案，直接采用卡式连接方式进行安装，方便拆装（图6-29）。

图6-26　单体构件吊顶

图6-27　利用灯具造型形成独特的空间艺术效果

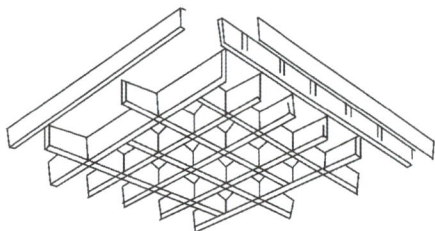

图6-28　铝合金格栅单体构件组合的大面积吊顶

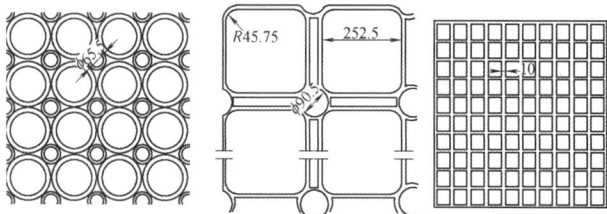

图6-29　运用铝合金单体构件可组合出不同的图案

二、其他材料单体构件

除了铝合金材料之外，制作单体构件的材料还有很多，如用玻璃钢材料制作。在制作过程中，先根据设计要求制作木模，木模表面要光洁，在木模上进行裱糊，材料是不饱和聚酯、快干剂和玻璃纤维布，一般是一层一层地裱糊，具体厚度根据需要而定。如果单体构件尺度比较大，还需要做钢构架，以增加其强度。在制作过程中，必须考虑装配构件的预埋尺寸、位置、牢固度，要以不影响外观为原则。有些单体构件还对电器和照明有要求；有些单体构件还要有图案和花纹，需要进行表面修饰，如喷漆、喷涂或者需要进行绘制等，然后才能进行组装。

用塑料材料也可以进行单体构件的制作，其成型工艺比其他材料制作要复杂些，一般采用热成型工艺和粘接工艺（图6-30）。

图6-30　用塑料材料做成的单体构件

三、单体构件吊顶施工要点

1. 控制单体构件的整齐

单体构件吊顶是通过有规律的组合而构成的，具有一定的装饰效果。如果组合不整齐，尺度上不一致，会显得杂乱无章，更谈不上韵律和节奏感。因此，单体构件吊顶的重点是控制整齐，可以采用拉线校准的方法进行控制（图6-31）。

2. 处理吊顶上部空间

大部分单体构件都是以开敞式吊顶形式进行安装，也就是大多都看得见上部空间的设备、管道及结构。常采用的办法是将吊顶上部涂黑，并利用灯光的反射，使上部发暗，空间内部的设备、管道变得不明显，利用下部空间的明亮来吸引人的注意力（图6-32）。当然具体处理方法很多，应根据具体情况区别处理。

图6-31　单体构件吊顶

图6-32　开敞式吊顶

本章小结
BENZHANG XIAOJIE

本章主要介绍了室内装饰施工中的吊顶工程，包括木质吊顶、轻钢龙骨轻质板吊顶、金属材料吊顶和单体构件吊顶以及各种吊顶的组成材料和工艺特点。

思考与练习
SIKAO YU LIANXI

1. 谈谈吊顶施工的程序。
2. 吊顶施工应注意哪些问题？

欧式古典家具胡桃色
漆面涂饰工艺整理

涂饰工程施工
工艺标准

习题与答案

CHAPTER SEVEN

第七章
涂饰工程

■ **本章知识点**

　　本章主要介绍室内装饰涂饰工程中涉及的涂料组成，内墙涂料、外墙涂料、地面涂料、家具涂料及其他涂料，涂饰工程的辅助材料与工具，涂饰工程施工等内容。

■ **学习目标**

　　通过本章的学习，了解涂料组成，内墙涂料、外墙涂料、地面涂料、家具涂料及其他涂料的基本内容，掌握涂饰工程的辅助材料与工具，涂饰工程施工，重点把握涂饰工程施工工序及工艺。

涂饰是最方便、最经济且最容易出效果的一种装饰手段。与其他饰面工程（如木材饰面、石材饰面、复合板饰面等）相比，涂饰工程具有施工工艺简单、不增加建筑物的荷载、修缮方便等诸多优点，近年来正逐渐成为公共建筑和住宅建筑首选或热选的施工手段。

第一节　涂料的组成

涂料是一种常用的建筑装饰材料，涂刷在某些材料表面，能结硬成膜。涂料不仅色泽美观且色彩丰富，同时能起到保护主体的作用，提高主体建筑材料的耐久性。涂料应能满足使用功能上的要求，并具有适当的黏度和干燥速度，所形成的漆膜应能与基面牢固结合，具有一定的弹性、硬度和抗冲击性，同时应有良好的遮盖能力。

油性涂料是以油脂、天然树脂或合成树脂为主要成膜物质的溶剂型涂料。人们用以涂刷家具、器具或建筑物的涂料，多是利用经过处理的植物油或天然树脂制得的液状混合物，习惯上称为油漆。随着石油化工和有机合成工业的发展，已经人工制造出了日益繁多且性能完善的合成树脂以及无机高分子化合物，它们可以用于生产各种具备不同性能、不同用途和适宜不同涂装方式的涂料新产品。

油性涂料是一种胶体溶液，有含颜料和不含颜料两种，使用前为稠状液体，涂于物体表面干结后呈固体薄膜，被称为涂膜、漆膜或漆皮。它具有阻隔空气、水分、微生物、日光或化学药品等物质侵蚀的性能，被广泛用于木材、金属、水泥等多种材料表面，对物体表面具有保护和美化作用。

油性涂料一般由主要成膜物质、次要成膜物质和辅助成膜物质三类组成。

一、主要成膜物质

油性涂料的主要成膜物质是油料和树脂。油料和树脂被溶剂溶解后成为胶粘剂，才可能形成涂膜。其中，油料是目前广泛使用的涂料中应用最早的成膜材料，是制造油性涂料和油基涂料的主要原料。油料的来源是天然植物种子或动物脂肪，其中以植物油使用最多。按油料的形态可分为液态油料和固态油料，它们都是由种类不同的脂肪酸混合甘油构成。根据干结成膜的速度不同，油料又可分为干性油、半干性油和不干性油，三种不同油料的性能比较见表7-1。

由于天然树脂来源有限，其采集成本不断上升，故在油漆涂料中目前主要采用人造树脂和合成树脂替代。特别是合成树脂，其性能较为优异，在涂料工业中使用最多。

树脂是有机高分子复杂化合物互相融合而成的混合物，为固体或高黏度胶状体，不呈结晶状态，多为透明状，受热能熔，多数可溶于有机溶剂中，但不溶于水。溶解后的树脂黏着性很强，涂饰于物体表面后即形成固体薄膜。在应用中，往往一种油漆涂料内会加入几种树脂或树脂与油料混合使用，所以树脂之间或树脂与油料之间应有很好的相容性。各类常用树脂的主要性能及使用情况见表7-2。

二、次要成膜物质

油性涂料的次要成膜物质是颜料。颜料本身并不能形成涂膜，但它能让涂料增加硬度、防锈力，具有填平性和着色性能，以及其他特定功能，如阻止紫外线穿透等。颜料按其来源可分为矿物质颜料和化工颜料；按其在油漆中所起的作用可分为如下三种颜料。

1. 着色颜料

着色颜料有红、橙、黄、绿、蓝、紫、白、灰、黑及金属光泽十种，其中黑、白、灰为无色颜料，其他为有色颜料。

2. 体质颜料

体质颜料也称填充颜料，源于天然矿物或工业副产品。它在油漆涂料中的主要作用是增加涂膜厚度和体质，使其更为坚硬并经久耐磨；并能改变涂层光泽，提高层间附着力，改善涂料的流动性、刷涂

表 7-1　油料的性能比较

类别	成膜时间	涂膜特点	来源
干性油	7天以内	坚韧，弹性好，耐水，干后不溶化，几乎不溶于有机溶剂	亚麻籽油、桐油、梓油等
半干性油	7天以上	柔软，发黏，干燥后能重新软化，易溶于有机溶剂	豆油、葵花籽油、棉籽油等
不干性油	在正常情况下不能自行干燥	不能直接用于制造涂料，生产工艺简单、价低、涂刷性好、气味少。但干燥较慢、不耐水、不耐碱、不能打磨和抛光。	蓖麻油、花生油、椰子油、可可油等

表 7-2　各类常用树脂的特性及用途

种类与名称			特　性	用　途
天然树脂	贝壳树脂		化石树脂，源于新西兰，色淡，与油类化合良好	做油基性清漆
	达麦树脂		或称达玛树脂，是从马尼拉活树上流出来的树脂，柔韧性优良	做纤维素清漆和虫胶清漆
	紫胶		一种从寄生于树上的昆虫的排泄物中取得的树脂，可溶于酒精，具防渗透性	用以封闭木结构中的树脂及制作虫胶清漆
合成树脂	油改性醇酸树脂	干性油含量为60%	流动性好，光泽度高，韧性好，耐候，色淡，不耐碱	常温干燥的底漆，多种中间涂层，有光面漆、半光面漆及清漆
		凝胶或触变型结构	涂刷性好，凝胶力强，凝胶恢复率快，成厚膜，不滴落	用作触变型涂料
		含有非干性油	干燥缓慢或不干燥，色淡，柔软	纤维素液料中的增塑剂
	环氧树脂	双组分或低温固化型	附着力、防水性、耐化学性及耐磨性均好，涂膜甚为坚硬	做耐化学性涂料，耐磨涂料及防水涂料
		单组分环氧脂（干性油改性型）	耐化学性能低于双组分	工厂用的维修涂料
	聚氨酯	双组分或低温固化型	漆膜坚硬，耐水性、耐化学性及耐磨性均好，但耐碱性逊于环氧树脂	用于耐化学性涂料及耐磨涂料
		单组分（干性油改性型）	漆膜坚硬，柔韧，其防水性优于醇酸树脂	用于有光面漆及木质材料的面涂清漆
	聚醋酸乙烯酯共聚物		颜色好，不泛黄，耐碱，附着力强，流动性、防水性、外部耐久性及可刷洗性好	用于胶粘剂、乳胶漆及砖石材料饰面涂料
	丙烯酸乳液		附着力强，水白色，不泛黄，耐碱，可刷洗性及外部耐久性优异	用于乳胶漆、木质材料底漆、胶粘剂、快干中间涂层及砖石材料饰面涂料
	酚醛树脂		防水性能优异，耐碱，但泛黄现象严重	做耐碱清漆、船用清漆、防腐蚀底漆
	香豆酮树脂		耐碱、酸度低、易泛黄	用于耐碱涂料及金属光泽涂料
	顺丁烯二酸丙三醇树脂		颜色极浅，光泽好，不泛黄，耐化学性较差	与醇酸树脂化合制作非泛黄涂料及浅色清漆
	脲醛树脂（双组分酸性催化）		颜色极浅，漆膜坚硬光亮，耐热，不泛黄	用于酒吧柜台及各种木质家具的透明清漆
	硅树脂		防水，耐热（可达475℃）	透明防水溶液，耐热涂料
	聚乙烯醇缩丁醛树脂		附着力强	磷化底漆
人造树脂	油改性天然树脂（天然树脂和亚麻油或其他干性油）		光泽好，漆膜柔韧，遇碱皂化，防水性有限，老化时变黄	某些底漆，中间涂层，清漆，金胶
	油改性合成树脂（合成树脂和桐油或其他干性油）		防水，耐碱	耐碱、耐酸涂料，清漆，船用清漆
其他成膜物	沥青		颜色黑，防水好，耐酸碱，可渗透过油性或树脂涂料，受热变软，成本低	防潮混合物，沥青漆
	橡胶		防水性好，耐化学性好，柔韧，干燥快，流动性好	做化学性涂料，防水涂料
	硝酸纤维素		干燥迅速，涂膜坚硬，耐化学性好，易变脆，刷涂困难	硝基涂料及清漆

性及高密度颜料的悬浮性；还能充分利用剩余着色力和遮盖力以节约名贵颜料、降低油漆成本。体质颜料主要包括碱土金属类，如硫酸钡（重晶石粉）、碳酸钙（白垩）、硫酸钙（石膏）；硅酸盐类，如滑石粉（硅酸镁）、磁土（瓷土、高岭土）、石棉粉、云母粉、石英粉、硅藻土；镁铝轻金属化合物，如碳酸镁、氢氧化铝等。

3．防锈颜料

防锈颜料在油漆中的主要作用是抑制金属的腐蚀。这类颜料有化学防锈颜料和物理防锈颜料两种。化学防锈颜料不仅可以增强涂膜的封闭作用，防止腐蚀介质渗入，还能与金属发生化学反应，形成新的膜层，以保护被涂金属，如红丹粉、锌粉、锌铬黄等。物理防锈颜料是一种化学性能较为稳定的颜料，它借助于颜料颗粒本身的特点，可填充涂膜结构的空隙，提高涂膜的致密度，降低可渗性，如球形的氧化铁红和片状的铝粉等。

三、辅助成膜物质

油性涂料的辅助成膜物质本身不能形成涂膜，但对涂料的成膜过程影响很大或对涂膜的性能起着一定的辅助作用。辅助成膜物质包括溶剂和辅助材料两类。

溶剂是指能够溶解动物油、植物油及树脂和纤维素衍生物等成膜物质的挥发性液体。它虽是油漆涂料中的一部分，但在干燥过程中会从涂膜中挥发掉。其主要作用是溶解油漆中的成膜物质，降低涂料黏度，以方便施工操作；增加物体表面的湿润性，使涂料能更好地渗入基层，进而提高涂膜的封闭性和附着力；加强涂料储存的稳定性，防止发生凝胶，同时使容器中充满溶剂蒸气和减少涂料表面结皮；改善油漆涂膜的流平性，避免涂膜过厚、过薄及刷痕、起皱等弊病。正确使用溶剂，可以增强涂膜的光泽与致密性等物理性能。

辅助材料也称助剂，种类繁多，用途各异，在涂料中用量较少，但对施工性能、储存性及涂膜质量均有明显作用。助剂的种类有催干剂、增塑剂、防潮剂、固化剂、稀释剂、稳定剂、悬浮剂、防雷剂等，其中最常用的是催干剂、增塑剂、稀释剂和固化剂。

第二节 内墙涂料

内墙涂料的主要特点是：色彩丰富、协调，色调柔和，涂膜细腻，耐碱性、耐水性好，不易粉化，透气性好，涂刷方便，重涂性好。常用的内墙涂料有合成树脂乳液内墙涂料、水溶性内墙涂料、多彩内墙涂料等。

一、合成树脂乳液内墙涂料

合成树脂乳液内墙涂料（乳胶漆）以合成树脂乳液为主要成膜物质，加入着色颜料、体质颜料、助剂，经混合、研磨而制得的薄质内墙涂料。它具有下

列特点：

（1）以水分为分散介质，随着水分的蒸发而干燥成膜。

（2）涂膜透气性好，可避免因涂膜内外温度差而鼓泡。

乳胶漆的种类很多，通常以合成树脂乳液来命名，主要品种有聚醋酸乙烯乳胶漆、丙烯酸酯乳胶漆、乙—丙乳胶漆、苯—丙乳胶漆、聚氨酯乳胶漆等。

合成树脂乳液内墙面漆产品分三个等级：优等品、一等品、合格品。其性能应符合表 7-3 的要求。

乳胶漆内墙涂料性能好、价格低、施工简便，被广泛用于室内墙面、吊顶饰面的装饰。随着生产工艺的不断提高，现代的乳胶漆各项技术性能都有很大改进。

二、水溶性内墙涂料

水溶性内墙涂料是以水溶性合成树脂聚乙烯醇及其衍生物为主要成膜物质，加入适量的着色颜料、体质颜料，少量助剂和水经研磨而成的水溶性涂料。这类内墙涂料国内原材料丰富，生产工艺简单，涂层具有一定的装饰效果，价格便宜，曾在国内内墙涂料中占有数量上的绝对优势，适用于一般民用建筑室内墙面的装饰，属低档涂料。水溶性内墙涂料主要分为聚乙烯醇水玻璃内墙涂料和聚乙烯醇缩甲醛内墙涂料两大类。

水溶性内墙涂料的质量要求见表 7-4。

表 7-3 合成树脂乳液内墙涂料的技术性能

项 目	指 标		
	合格品	一等品	优等品
容器中状态	无硬块，搅拌后呈均匀状态		
施工性	刷涂二道无障碍		
低温稳定性（3 次循环）	不变质		
涂膜外观	正常		
干燥时间（表干）/h ≤	2		
对比率（白色和浅色）≥	0.90	0.93	0.95
耐碱性（24 h）	无异常		
耐洗刷性 / 次 ≥	300	1 000	5 000

注：本表摘自《合成树脂乳液内墙涂料》（GB/T 9756—2009）。

表 7-4　水溶性内墙涂料的质量要求

序号	项目	质量要求	
		I 类	Ⅱ类
1	容器中状态	无结块、沉淀和絮凝	
2	黏度（涂-4黏度计)/ (Pa·s)	30 ～ 75	
3	细度 / m	≤ 100	
4	遮盖力 /Pa	≥ 30 000	
5	白度（只适合于白色涂料)/%	≥ 80	
6	涂膜外观	平整、色泽均匀	
7	附着力（划格法)/%	100	
8	耐水性	无脱落、起泡和皱皮	
9	耐干擦性 / 级	—	≥ 1
10	耐洗刷性 / 次	≥ 300	

注：本表摘自《水溶性内墙涂料》（JC/T 423—1991）。

表 7-5　仿壁毯涂料质量标准

项目	指 标
保水性	60
初期抗干燥性	不发生龟裂
附着强度 /MPa	0.196
耐磨性（1 000 次）	不因磨损脱落而使板基露出
耐湿性（浸水 1 h）	装面不移动，无龟裂、起泡、起皱等，并且不变色
涂耐碱性	无龟裂、脱落、起泡、起皱，光泽无变色

注：本表摘自日本工业标准 JISA 6909—84。

三、多彩内墙涂料

多彩内墙涂料是由不相混溶的两个液相组成，其中一相为分散介质，常为加有稳定剂（增稠剂）的水相；另一相为分散相，大小不等，由两种或两种以上不同颜色的着色液滴组成。两相互不融合，分散相在含有稳定剂的水中均匀分散悬浮，呈稳定状态。涂装干燥后形成坚硬结实的多彩化纹涂层。

四、隐形幻彩涂料

隐形幻彩涂料一般由发光材料、基本树脂、溶剂及助剂组成。这种涂料中的发光材料可把自然光、灯光的能量储存起来，在夜间释放，起到低度照明和指示作用。因此这种涂料可在医院、宾馆、舞厅、酒吧及军队营房等环境使用。

五、仿壁毯涂料

仿壁毯涂料是由乳液胶结材料、粉状胶结材料、少量粉状填料、助剂和纤维等组成，乳液和其他固体材料分开包装，施工前再混合。仿壁毯涂料成膜后外观类似毛毯或绒面，装饰效果非常独特。首先是质感丰富；其次是有吸声隔热效果。仿壁毯涂料涂层较厚，可达 1 ～ 2 mm，涂层由纤维构成，因此具有吸声性，适用于居室及声学要求较高的场所。质量标准参照日本工业标准 JISA 6909—84 的规定，性能指标见表 7-5。

第三节　地面涂料

一、溶剂型地面涂料

溶剂型地面涂料是以合成树脂为主要成膜物质，掺入着色颜料、体质颜料、各种助剂和有机溶剂配制而成的涂料。它属于薄质涂料，涂覆在水泥砂浆地面的抹面层上，对其起装饰和保护作用。

1. 过氯乙烯地面涂料

过氯乙烯地面涂料是以过氯乙烯为主要成膜物质，并用少量的改性树脂（如松香改性酚醛树脂），掺加增塑剂、涂料剂、着色颜料和体质颜料，经混炼、切片后溶解于二甲苯等有机溶剂中而制成的。

过氯乙烯地面涂料的特点是干燥快，与水泥地面结合好，耐水、耐磨、耐化学药品腐蚀。

2. 聚氨酯—丙烯酸酯地面涂料

聚氨酯—丙烯酸酯地面涂料是以聚氨酯—丙烯酸酯树脂溶液为主要成膜物质，添加一定量的着色颜料、体质颜料、助剂和溶剂等配制而成的一种双组分固化型地面涂料。

聚氨酯—丙烯酸酯地面涂料的特点是涂膜外观光亮平滑、有瓷质感，又称仿瓷地面涂料，具有良好的装饰性。

3. 丙烯酸硅树脂地面涂料

丙烯酸硅树脂地面涂料是以丙烯酸酯和硅树脂复合作为主要成膜物质，加入着色颜料、体质颜料、助剂、溶剂等配制而成的溶剂型地面涂料。这种涂料的特点是：

（1）含固量低，渗透性好，与水泥砂浆、混凝土、砖石等表面结合牢固，涂层耐磨性好。

（2）具有良好的耐水性、耐污染性、耐洗刷性；较好的耐化学药品性和耐热、耐火性。

（3）涂层的耐候性优良，可以用于室外的地面装饰，且重涂方便。

二、合成树脂厚质地面涂料

合成树脂厚质地面涂料是以环氧树脂、聚氨酯等合成树脂作为主要成膜物质，加入适量的固化剂、着色颜料、体质颜料和助剂制成的厚质地面涂料。这种涂料通常采用刮涂方法涂覆于地面上，形成地面涂层，称为无缝塑料地面或塑料涂布地板。

1. 环氧树脂厚质地面涂料

环氧树脂厚质地面涂料属反应固化型涂料，主要成膜物质采用黏度较小、可在室温固化的环氧树脂，以多烯多胺类物质作为固化剂，加入适量的增塑剂、稀释剂、着色颜料和体质颜料配制而成。这种涂料由甲、乙两个组分组成。

环氧树脂厚质地面涂料的特点是黏结力强，膜层坚硬耐磨，且具有一定的韧性，耐化学腐蚀、耐油、耐火及耐久性好，可涂饰成各种图案，装饰效果好。

2. 聚氨酯地面涂料

聚氨酯地面涂料有薄质罩面涂料与厚质弹性地面涂料两类，前者主要用于木质地板的罩面上光，也称为聚氨酯地板漆，实际施工中以不加颜料的透明"清漆"最常见；后者涂刷于水泥地面，能在地面上形成无缝弹性塑料状涂层，又称聚氨酯弹性地面。

第四节　家具涂料及其他涂料

家具涂料常被称为"油漆"，其主要成膜物质以油脂、分散于有机溶剂中的合成树脂或混合树脂为主，市场上使用的大多数为合成树脂或混合树脂，它们大都由有机溶剂稀释，常见的品种有清漆、磁漆、聚酯漆、水性漆等。

一、清漆

清漆是不含颜料的油状透明涂料，以树脂或树脂与油为主要成膜物质。油基清漆由合成树脂、干性油、分散介质、催干剂等配制而成。油基清漆分酯胶清漆、酚醛清漆、醇酸清漆、硝基清漆等。

1. 酯胶清漆

酯胶清漆又称耐水清漆，是以干性油和甘油松香为主要成膜物质而制成的。这种清漆膜光亮，耐水性好，但光泽不持久，干燥性差。

2. 酚醛清漆

酚醛清漆是由干性油和改性酚醛树脂为主要成膜物质而制得的。优点是漆膜坚硬，耐水性良好，纯酚醛的耐化学腐蚀性良好，有较好的电绝缘性强度，附着力优良。缺点是涂膜较脆，颜色易变深，不宜制白色漆，不耐光，耐候性比醇酸漆差，易粉化、开裂。

3. 醇酸清漆

醇酸清漆是以干性油和改性醇酸树脂为主要成膜物质分散于有机溶剂中而制得的。这种漆的附着力、光泽度、耐久性比酯胶清漆和酚醛清漆都好，漆膜干燥快，硬度高，绝缘性好，可抛光、打磨、色泽光亮，但膜脆，耐热与抗大气性较差，故不宜用于室外。

4. 硝基清漆

硝基清漆又称蜡克、喷漆，它的干燥是通过溶剂的挥发，没有复杂的化学变化。硝基清漆是以硝化棉为主要成膜物质，加入其他合成树脂、增韧剂、溶剂和稀释剂制成的。这种漆具有干燥快、漆膜坚硬、光亮、耐磨、耐久等优点，但耐光性差。它是一种高级涂料，目前市场上家具漆面大多使用此涂料。

二、磁漆

磁漆是在清漆基础上加入无机颜料制成的。因为漆膜光亮、坚硬，酷似瓷器，所以称为磁漆。磁漆色泽丰富，附着力强，用于室内装饰和家具，也可用于室外的钢铁和木材表面。常用的磁漆有醇酸磁漆、酚醛磁漆等品种。

三、聚酯漆

聚酯漆是以不饱和聚酯为主要成膜物质的一种高档油漆涂料。不饱和聚酯干燥迅速，漆膜丰满厚实，有较高的光泽和保光性，硬度较高，耐磨、耐热、耐寒、耐弱碱、耐溶剂性能较好。不饱和聚酯漆的配比成分较多，适宜在静止的平面上涂饰，在垂直面、边线和凹凸线条部位涂饰时易流挂，操作起来比较麻烦。

四、水性漆

水性漆是以水做分散介质，采用水性乳液或水性分散体为成膜物质，辅以助剂、颜料和助成膜溶剂制成。

水性漆按成膜物质的不同分为醇酸类、丙烯酸类、聚氨酯类及双组分聚氨酯类。按使用方法的差异又可分为单组分自干型和双组分型。相对于油性漆而言，水性漆具有明显的环保、健康、安全优势。

五、其他功能涂料

1. 防水涂料

建筑防水涂料是指形成的涂膜能够防止雨水或地下水渗漏的一类涂料，主要包括屋面防水涂料和地下工程防水涂料。按成膜物质的状态与成膜的形式，防水涂料可分为乳液型、溶剂型和反应型。

乳液型防水涂料的主要品种有水乳型再生胶沥青防水涂料、阳离子型氯丁胶漆沥青防水涂料、丙烯酸乳液沥青防水涂料等。溶剂型防水涂料的品种有氯丁橡胶防水涂料、氯磺化聚乙烯防水涂料等。反应型防水涂料主要品种有聚氨酯系防水涂料、环氧树脂系防水涂料等。

2. 防火涂料

防火涂料又称阻燃涂料，一般涂刷在建筑物某些易燃材料表面上，能够提高易燃材料的耐火能力，为人们提供一定的灭火时间。防火涂料按其组成的材料不同，一般可分为非膨胀型防火涂料和膨胀型防火涂料两大类。膨胀型防火涂料的阻止燃烧的效果优于非膨胀型防火涂料。目前，国内膨胀型防火涂料的主要品种是膨胀型丙烯酸乳胶防火涂料。

第五节 涂饰工程的辅助材料与工具

一、辅助材料

用于涂饰工程的主要材料是胶料、腻子、着色材料、研磨材料和脱漆剂等，其中大部分材料及其应用技术并不仅仅局限于涂饰工程的施工，而且广泛应用于装饰工程的其他工序中，如基层处理、缝隙嵌填、底色涂装、饰面抛光等。

1. 胶料

胶料在装饰工程中应用广泛，除一般的黏结功能外，还常用于水浆涂饰、调制腻子或封闭涂层。胶料品种繁多，近年来各种新型的产品更是不断涌现，但在涂饰工程中，108胶和白乳胶比较常用。

聚乙烯醇缩甲醛胶常称108胶，由聚乙烯醇缩甲醛、羧甲基纤维素和水组成，在装饰工程中应用广泛，黏结性能好，施工方便，在涂饰工程中常用来调配大白浆和腻子。

聚醋酸乙烯乳液常称白乳胶，是现代装饰工程中使用十分广泛的胶粘材料，黏结性能好，用途广泛，使用方便，无毒副作用，在装饰工程中常用于黏结接缝的绷带或调配腻子。

2. 腻子

装饰工程中的许多饰面工程中都要使用腻子。用它对基层表面的坑槽、缝隙、孔眼等部位进行嵌填填充或全面覆盖、找平。腻子多是由大量的体质颜料与胶粘剂、漆料、颜料、水或溶剂等组成。常用的体质颜料有碳酸钙（白垩）、硫酸钙（石膏粉）、硅酸钙（滑石粉）、硫酸锌钡等；胶粘剂多采用熟桐油、清漆、合成树脂溶液、聚醋乙烯乳液、聚乙烯醇缩甲醛胶等。腻子对基层的附着力、强度及耐老化程度都会影响饰面的质量。而且腻子质量的好坏，往往会影响整个涂层的质量。腻子要根据基层底漆、面漆的性质配套选用。常用的腻子可分成油性腻子、水性腻子及漆基腻子三类，其中水性腻子一般都是现场调制。

3. 研磨与抛光材料

在油漆及其他饰面工程中应用最普遍的研磨材料是砂纸和砂布。其原理是利用砂纸、砂布上大量的磨料颗粒对被磨物体表面进行切削使之平滑，以达到饰面涂层的预期质量和外观效果。磨料的颗粒的材质分天然和人造两类，天然的磨料有刚玉、浮石、石榴石、燧石和硅藻土等；人造磨料有人造刚玉、玻璃及各种金属碳化物。广泛使用的木砂纸和砂布的代号按磨料的粒径划分，代号越大其磨粒越粗；水砂纸则相反，代号越小磨粒越粗。

抛光材料主要用于油漆液膜表面，使之平整光滑，增强装饰效果，同时对涂膜起到一定的保护作用。常用的抛光材料是砂蜡和上光蜡。砂蜡是由细度高、硬度小的磨粉与油脂蜡或胶粘剂混合而成的浅灰色膏状物；上光蜡是溶解于松节油中的膏状物，主要有乳白色的汽车蜡和黄褐色的地板蜡两种。

4. 脱漆剂

使用脱漆剂的目的是清除物料表面的旧油漆涂膜以进行新的涂装，其原理是利用强溶剂或其他化学溶液对涂膜的溶胀作用使旧涂膜软化后进行铲除。脱漆剂品种较多，主要有溶剂型脱漆剂和酸、碱溶液脱漆剂，另有二氯乙烷、四氯化碳组成的非燃性脱漆剂，十二烷基磺酸钠乳化脱漆剂及硅酸盐型脱漆剂等。

二、辅助工具

油漆涂饰的辅助工具可根据习惯选用，大致有美工刀、钢丝刷、线袋、线坠、直尺、油勺、漏斗、过滤筛、梯子和各种粗细的砂纸等。

油漆用刷子的种类、规格较多，其形状有扁形、圆形、异形等，其材质有以猪、马等动物的鬃毛为主制成的硬毛刷和以羊毛为主制成的软毛刷。软毛刷有各种宽度规格的羊毛排笔和底纹笔。施工时可根据不同类型的油漆和涂饰面积选用不同规格、材质的漆刷（图7-1）。

图7-1　各类刷子

第六节　涂饰工程施工

一、基层处理

基层处理的质量直接影响表面涂层的附着力、使用寿命和装饰效果。

由于基体材质的区别和涂饰要求的不同，其基层处理的方法、内容和要求也有所差异，但其大致方式和目的有以下一些。

（1）用手工工具通过刷、扫、铲、刮等方法，清除基层表面的灰尘、锈蚀、旧涂膜等松散物质。

（2）用动力设备和化学方法清除基层表面的油脂、树脂、胶粘剂等附着物和渗出物质。

（3）通过化学侵蚀和喷砂等方法增加基层表面的粗糙度，提高油漆涂层的附着力。

1. 手工清除

使用铲刀、刮刀和金属刷具，对木质面、金属面、水泥抹灰层上的飞边、凸缘、毛刺、旧涂层及氧化铁皮等进行清理。操作时须注意不能对基层材料的平整表面造成损伤，如木质面在铲刮时应顺木纹方向铲刮，在与木纹呈垂直方向铲除时用力不可过大，避免出现凹痕。用金属刷做手工清除工具时，最好选用铜丝刷；采用钢丝刷清理金属基层时容易出现火花。

2. 机械清除

机械清除具有效率高、清除能力强的特点，特别适用于牢固的锈迹和氧化铁皮等。在清理基层的同时，还能造成清除面深度适宜的糙面效果，对油漆涂层与基层的结合有好处。机械清除主要是采用除锈枪、动力钢丝刷、蒸汽剥除器等机械。

3. 化学清除

当基层表面的油渍污垢、锈蚀和旧涂膜等较为牢固时，多采用化学清除的处理方法。此法方便简单见效快，对基层损伤少，常与打磨工序配合进行。化学清除常用的化学物品为松香水、汽油、磷酸三钠溶液、火碱溶液、磷酸溶液、盐酸溶液等。

二、嵌批

基层经清除处理后，会显示出洞眼、凹槽、裂缝等，这时要通过嵌批腻子的方法将基层表面填平。嵌批工序一般要在深刷底漆待其干后进行，以防止腻子中的填料被基层过多吸收而影响腻子的附着力。为了避免腻子出现开裂和脱落，特别是对于快干腻子，不应过多地往返批刮，否则易出现卷皮脱落或将腻子中的漆料挤出，封住表面而难以干燥的现象。应根据基层、面漆及涂层材料的特点选择腻子，注意其配套性，以保持整个涂层物理与化学性能的一致。嵌批腻子的操作方法见表7-6。

三、打磨

打磨对于油漆层的平滑美观、附着力及被涂物料的棱角、线条和木材的木纹清晰等都有影响。打磨可采用手工打磨和机械打磨两种方式。一般来讲，手工打磨适合于比较细致的工序。打磨分干磨与湿磨两种。干磨是采用木砂纸、铁砂布和浮石等直接对物体表面进行研磨。湿磨是由于卫生防护的需要以及为防止打磨时漆膜受热变软，使漆尘黏附于磨粒间而损害研磨质量，用水砂纸或浮石蘸水或润滑剂进行研磨。对于木材表面不易磨除的硬刺、木丝和木毛等，应采用稀虫胶漆进行涂刷、待干后再进行打磨。木材在粗磨时，打磨可与其木纹成一定角度，细磨则一定要顺木纹打磨。

在打磨的工序中，根据不同要求和研磨目的可分为三个程序。

表 7-6　嵌批腻子的操作方法

类　型	目　的	操作方法	嵌批工具
嵌（补）	用嵌补工具将腻子填补基层表面的孔眼、裂缝、凹坑等，使其密实平整	嵌补时要用力将工具上的腻子压进缺陷，要填满、填实，将四周的腻子收刮干净，使腻子的痕迹尽量减少。对较大的洞眼、裂缝和缺损，可在拌好的腻子中加入少量的填充料重新拌匀，提高腻子的硬度后再嵌补。嵌腻子一般以三道为准。为防止腻子干燥收缩形成凹陷，还要复嵌，嵌补的腻子应比物面略高一些。嵌补用腻子一般要比批刮用腻子硬一些	嵌刀、牛角腻板、椴木腻板
批（刮）	使被涂物面形成平整、连续的涂刷表面	批刮腻子要从上至下、从左至右、先平面后棱角，以高处为准，一次刮下。手要用力向下按腻板，倾斜角度为60°～80°，用力要均匀，这样可使腻子饱满又结实。清水显木纹要顺木纹批刮，收刮腻子时只推一两个来回，不能多刮，防止腻子起卷或将腻子内部的漆料挤出而封住表面不易干燥。头道腻子的批刮主要把握与基层的结合，要刮实；第二道腻子要刮平，不得有气泡；最后一道腻子要刮光及填满平麻眼，为打磨工序创造有利条件	牛角腻板、椴木腻板、橡皮腻板、钢板腻板

（1）基层打磨：要采用干磨的方式，用 1～11 号砂纸的边角砂磨，去其锐角以利于涂料黏附。

（2）层间打磨：可用干磨或湿磨两种方式，用 0 号砂纸、1 号旧砂纸或 280～320 号水砂纸。木质面上的涂层应顺木纹方向打磨。遇有凹凸线角部位可适当运用直磨、横磨交叉进行的方法轻轻研磨。

（3）面漆打磨：一般采用湿磨方法，用 400 号以上水砂纸蘸清水或肥皂水打磨，磨至从正面看过去是暗光，但从水平侧面看过去如同镜面一样为止。此工序仅适用于硬质涂层，打磨边缘、棱角、曲面时不可使用垫块，要轻磨并随时查看，以免磨透、磨过。

四、调配

调配是指在施工现场根据设计要求和样板情况，将油漆的原材料合理配制成各工序所需的材料。

1．色漆的调配

成品色漆的各类颜色在涂饰施工中往往不能满足设计的要求。成品色漆一般颜色纯度较高，在实际工程中很少采用纯度很高的颜色，大部分彩色油漆的成品都要按设计要求进行混合调配。色漆调配要注意以下原则：

（1）参与调色的色漆要求基漆相同或能混溶，否则混合后会引起色料上浮、沉淀或树脂分离与析出等。比如硝基漆和油基漆、醇酸漆与过氯乙烯漆都不可混合配色。

（2）选定基本色素后，应选试配小样，将其与样品色或标准色卡对比，以求配色准确，更要注意干燥后的色彩变化。

（3）配色时，配色漆应逐渐加入主色漆，边加边搅拌，力求配色漆不加过量。

（4）调配浅漆时若用催干剂，应在配色前加入，以免影响调配后的色彩效果。

2．透明涂饰的配色

木质材料本色的透明涂饰配色，一般以水色为主，水色常由酸、碱性染料等混合配制。染料对木质具有优良的着色力、附着力，并具有持久性好、透明度高、色彩明丽等特点。常用的底色有水粉底色、油粉底色、水底色等。木质面显木纹透明涂饰的着色分两个步骤：首先是嵌批填孔材料，填孔料不仅可以填平木质面孔隙，同时起着封闭基层和着色的作用。调配时要根据木材管孔的特点及温度情况灵活掌握好水或油与体质颜料的比例，使稠度合适。然后采用水色或油色对木质材料表面进行染色，可获得预期的质地与色彩效果。

配制水色最好选用配性染料。配性染料的色彩、品种齐全，颜色纯正，易溶于水，透明度高，尤其是酸性染料适宜互相调和而不影响涂饰的质量，配制时须注意酸性染料与碱性染料不能混合。配染料的水要洁净，水太硬时要将其煮沸。若采用氧化铁红、氧化铁黄等非透明的颜料做水色，要先用开水将颜料浸泡至全部溶解后再与其他颜料溶液配合；由于此类颜料涂刷后会在表面留下粉层，故调配好色浆后还需加入适量的皮胶或猪血料水并经过滤后使用。当采用透明性好的染料做水色时，宜先用开水将染料浸泡，然后稍加煮热使其充分溶解冷却后过滤使用，以保证涂饰后色泽细腻均匀。

酒色和油色是由碱性染料或着色颜料与虫胶清漆配制，也可采用稀释的硝基清漆或聚氨酯清漆加入染料配制。酒色的作用主要是涂层着色或着色调整，介于铅油和清油之间，既可使木纹显露，又可使漆膜着色，使木质面色彩统一。之所以称其为酒色，是因为虫胶清漆由虫胶片溶解于酒精而成。油色的调配关键是掌握好着色铅油的用量，可根据色彩的组合，先在主色铅油中加少量稀释剂充分拌和，再将配色铅油逐渐加入调拌，使之达到所需的色彩。

五、涂饰

装饰工程中常用涂饰方式有刷涂、喷涂、滚涂和擦涂等。除木质材料或金属材料表面的某些细部装饰，大多采用喷涂，其中主要原因是工效高，特别是大面积油漆涂饰工程，往往更具优越性，其工作效率比手工刷涂高10倍，尤其是硝基漆和过氯乙烯漆等并不适合采用刷涂的方法。这类油漆及其他挥发性涂料唯有使用机械喷涂时，才能获得高质量的涂膜。

1. 刷涂

油漆的刷涂主要有三种工艺，均体现手工操作的技巧。

第一种称蘸油。先将刷毛浸入稀料中浸泡，然后甩掉刷毛上多余稀料就入油蘸漆，入油的深度不宜超过刷毛的一半长度，以免造成刷毛根部油漆堆积，然后将刷头两面在容器内壁各拍打一下，使油漆进入刷毛端内并防止油漆滴坠，并稍作捻转即迅速横提至涂刷面施工。

第二种为摊油。就是将刷具上的油漆铺于涂刷面，着力适中，由摊油段的上半部向上走刷，耗用油刷背面的漆料；而后由上向下走刷，刷掉油刷正面的漆料。在完成一部分面积的摊油之后，用没蘸过油漆的刷子将摊好的油漆向横向和斜向荡刷均匀。

第三种为理油。用油刷顶部将上述摊油轻刷，上下理顺，注意走刷平稳，用力均匀，油刷与物面垂直，每刷即将结束时要在运行间把刷子逐渐提起而留下楼口。在木质面理油，应由上向下顺木纹方向操作。

对于黏度大、挥发快、固体含量低且特别容易溶解底层涂层的硝基漆，不得摊油，应该迅速涂刷，一气呵成。当感觉漆多发滑时，须尽快将漆料涂开，否则油漆堆积会溶解底层涂膜；每道不得过厚并同时注意选用吸油量大和着力较轻的排笔、羊毛板刷等软毛刷具（图7-2）。

2. 喷涂

油漆喷涂前要搅拌均匀并用120目铜筛或200目细丝绢过滤。油漆涂料一般要加稀释剂调稀，其稀释剂约为漆质量的10%。喷涂主要有空气压缩喷涂、高压无空气喷涂。

（1）空气压缩喷涂。空气压缩喷涂应用比较广泛，用于喷涂的空气压缩机是利用压缩空气在喷嘴处形成负压，将油漆涂料从储漆罐中带出，再用压缩空气将油漆涂料吹成雾状，喷在被涂物面上，也有直接靠压缩空气的力量将涂料吹出的。压力控制为0.5～0.8 MPa，排气量为0.6 m³，根据气压、喷嘴直径、涂料稠度，调整喷斗的气节门，以将涂料喷成雾状为准。这类喷涂设备简单，容易掌握，维修也方便。不足之处是油漆涂料在喷涂前必须稀释，在施工中有相当一部分涂料扩散到空气中而被损失掉；成膜较薄，需反复喷多遍才能达到一定的厚度；喷涂的渗透性和附着性，大都较刷涂差；喷涂时扩散到空气中的漆料和溶剂对人体有害，在通风不良的工地喷涂施工，漆雾易引起火灾，当溶剂的蒸气在空气中达到足够浓度时，甚至有引起爆炸的可能（图7-3）。

（2）高压无空气喷涂。高压无空气喷涂是一种发展前景很好的喷涂方法。它和普通的空气喷涂不同，它利用0.4～0.6 MPa的压缩空气为动力，带动高压泵将涂料吸入，待加压到15 MPa左右，涂料通过一个特制的喷嘴小孔喷出。当过高压的涂料离开喷嘴到达大气中时，会立刻剧烈膨胀，雾化为极细的扇形气流喷到物面上。这种喷涂与普通的空气喷涂相比有较明显的优点，效率比普通的喷涂高出两倍左右，喷涂过程中涂料损失少，漆雾小，改善了劳动条件，提高了安全性；设备较小巧，搬运方便；涂膜厚，质量高，光洁度好，附着力强，覆盖率高；可喷较高黏度的油漆液料，从而节省了稀释剂（图7-4）。

（3）喷枪喷饰施工的操作过程。喷枪喷嘴口径大小和空气压力高低，须与喷涂面积、油漆种类和黏度相适应。小口径喷嘴和较低的空气压力，适宜喷小面积和低黏度

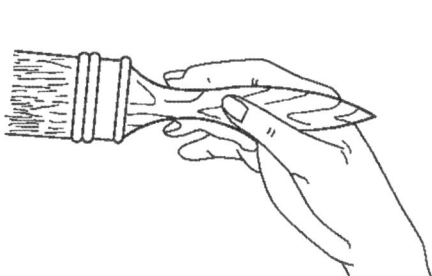

图7-2 手工油漆涂饰

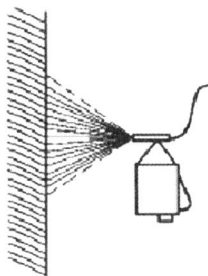

图7-3 空气压缩喷枪喷饰施工

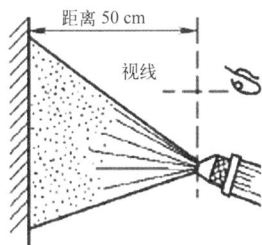

距离 50 cm
视线

图7-4 高压无空气喷枪喷饰施工

的油漆；大口径喷嘴和较高的空气压力，适宜喷涂大面积和黏度高的油漆。在不影响施工和涂膜质量的前提下，应尽量选用较低的空气压力、较小喷嘴口径和黏度高的涂料。喷枪与被喷物面的距离一般为 15～30 cm。涂料黏度高时，距离宜近，否则涂料溶剂会在中途大量挥发，造成油漆涂膜粗糙疏松而无光泽；涂料黏度低时，喷枪与物面距离可适当放远，否则易发生冲撞与流淌现象。喷枪移动时须直线移动，不可弧形移动，喷嘴应始终与物面保持垂直；喷枪移动速度要稳，喷枪行走呈"弓"字形(图7-5)。

图7-5 喷枪行走呈"弓"字形

3. 滚涂

涂料滚涂操作采用的主要工具是各种类型、规格的滚筒。除普通形状的滚筒之外，还有各种异形滚筒专门用于涂装特殊形状的物面，如用于涂墙角的铁饼形滚筒、滚涂管形面的曲形滚筒等。其筒套绒毛材料有合成纤维、马海毛和羊羔毛等。绒毛长度一般有 4.5～40 mm

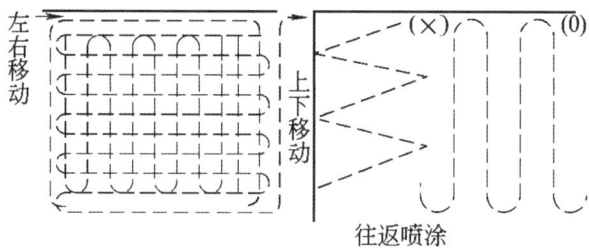

不同规格，可适应不同涂料的滚涂操作。比如 5～9 mm 长度绒毛滚筒较适宜滚涂光滑面上的磁漆或无光油漆；10～19 mm 长度绒毛滚筒较适宜滚涂无光墙面和吊顶的磁漆、无光漆；20～30 mm 长度绒毛滚筒较适宜滚涂粗糙面或铁网等特殊部位的磁漆或无光漆饰面。在蘸取油漆时，只需浸入容器 1/3 即可，而后在铁网上滚动几下使筒套浸透即可施涂。应有顺序地朝一个地方滚涂。有光或半光涂料的最后一遍涂层，应使用滚筒理一遍，顺木纹或朝强光照方向滚理。

4. 擦涂

擦涂是传统油漆技术中的一种特殊方法。它是采用各种软质材料或专制漆擦蘸上油漆后，以精巧的技艺进行擦涂的油漆涂饰做法。用于擦涂操作的软质材料多选用竹丝、棉团和软布等，主要是涂擦填孔材料，如硝基漆、虫胶漆，及擦色、擦蜡等，特别适用于木质面的油漆涂饰。漆擦多以泡沫橡胶、马海毛、尼龙纤维及羊皮制作，有方型和手套型，其配套的油漆容器为浅盘状，内装滚筒，漆擦蘸取油漆涂料时可在滚筒滚动中黏附。漆擦的擦涂主要是用于装饰细部油漆。

BENZHANG XIAOJIE　　　　　　　　　　　　本 章 小 结

本章介绍了常用涂料和辅助材料，重点讲述了涂饰工程的施工内容，包括涂料、油漆、涂饰施工等。

● ● ● 思 考 与 练 习　　　　　　　　　　　SIKAO YU LIANXI

1. 打磨过程有哪些工序？

2. 喷涂有哪些优势，适合在哪些装饰范围使用？

壁纸裱糊施工完成时需检查的要点　　裱糊工程施工方案　　习题与答案

CHAPTER EIGHT

第八章
裱糊工程

■ **本章知识点**

本章主要介绍室内装饰裱糊工程的相关内容，包括壁纸的种类及特征、裱糊用胶及常用工具、各种壁纸的裱糊施工等内容。

■ **学习目标**

通过本章的学习，了解壁纸的种类及特征；掌握裱糊用胶及常用工具；重点把握各种壁纸的裱糊施工工序及工艺。

裱糊工程与涂饰工程一样属于最后的面饰工程，其施工质量十分重要。裱糊饰面主要是指各种墙面或顶面的壁纸饰面。

第一节　壁纸的种类及特征

壁纸具有色泽丰富、图案多样、美观耐用、施工方便等特点。壁纸是一种传统的装饰材料。传统的壁纸以纸面纸基壁纸和纺织物壁纸为主，20世纪60年代后，现代化学工业兴起，塑料壁纸逐渐成为壁纸家族的主角。在室内装饰工程中，塑料壁纸既可裱糊在木基面上，也可裱糊在石膏板和水泥面的墙面、顶面上。

一、壁纸的种类

壁纸是以纸为基材，以聚氯乙烯塑料、纤维等为面层，经压延或涂布、印刷、轧花或发泡而制成的一种墙体装饰材料。目前市场上出售的壁纸品种繁多，琳琅满目。

1．按面层材质分类

（1）纸面壁纸：是最常用的材料，具有材质轻、薄、花色多等特点。

（2）胶面壁纸：壁纸表面为塑胶材质，质感浑厚，经久耐用。

（3）布面壁纸：也称壁布。壁布重材质表现，质感温润，图案古朴素雅，主材料有向无纺布发展的趋势。但壁布价格较高，多用于点缀空间。

（4）木面壁纸：将木皮割成薄片作为壁纸表材，因价格较高，使用较少。

（5）金属壁纸：将金、银、铜、锡、铝等金属，经特殊处理后，制成薄片装饰于壁纸表面，由于其材质成本较高，只适用于少量的空间点缀。

（6）植物类壁纸：以加工处理过的细草或麻像草席一样编织，具有自然风情。

（7）硅藻土壁纸：硅藻土由生长在海湖中的植物遗骸堆积数百万年而成。由于硅藻土自身具有无数细孔，可吸附分解空气中的异味，具有调湿、透气、防霉除臭的功能，可以广泛应用在居室、书房、客厅、办公地点。

（8）塑料壁纸：是目前应用最广泛的壁纸。普通塑料壁纸是以优质木浆纸为基材，PVC树脂为涂层，经压合印花或发泡处理制成。高档塑料壁纸以布为基材，以聚乙烯涂膜为面层，经压合印花或发泡等工序制成。

2．按产品性能分类

（1）防霉抗菌壁纸：可有效防霉、抗菌、阻隔潮气。

（2）防火阻燃壁纸：具有难燃、阻燃的特性。

（3）吸声壁纸：具有吸声能力，适用于歌厅、KTV包厢的墙面装饰。

（4）抗静电壁纸：能有效防止静电。

（5）荧光壁纸：能产生一种特别效果——夜壁生辉。夜晚熄灯后可持续45 min的荧光效果，深受小朋友的喜爱。

3．按产品花色及装饰风格分类

按产品花色及装饰风格分，壁纸可分为图案型、花卉型、抽象型、组合型、儿童卡通型、特别效果型及能起到画龙点睛作用的腰线壁纸。

二、壁纸的特征及用途

1．壁纸的特点

壁纸在使用过程中有着得天独厚的优点，具有相对不错的耐磨性、抗污染性，便于保洁。在新交工楼盘中，每每出现的保温板裂纹问题一直是萦绕在装饰公司和业主之间的难题。在保温板上做乳胶漆，不管是加了的确良布还是绷带，交工之后没有多长时间，裂缝便显露出来，而壁纸能很好地解决这个问题。壁纸具有很强的装饰效果，不同款式的壁纸搭配往往可以营造出不同感觉的个性空间。与涂料相比，新型壁纸在质感、装饰效果和实用性上，都能创造出内墙涂料难以达到的效果。

2．壁纸的用途

（1）壁纸因其图案的丰富多彩和使用的方便快捷而受到广泛欢迎，是应用最广的内墙装饰材料之一。目前在国外80%以上的墙壁内装饰都选用壁纸，特别在日本、韩国等国家几乎家家都使用壁纸，卧室、客厅、洗浴间甚至厨房全都选用壁纸作为装饰材料，涂料的使用反而很少。涂料中的化学成分比较多、环保性较差、色彩单一，且视觉不够饱满，多用于外墙装饰。

（2）壁纸除了传统贴满整面墙壁的装饰作用外，其实也可只贴在部分墙壁上，配上边缘装饰壁纸，把壁纸"镶"起来，做成墙上的一幅画作。这样的做法不但打破了一成不变的壁纸装饰套路，而且能为墙壁的装饰增添更多新意。

（3）随着建筑技术的发展，壁纸的种类和质量也处在不断的变化更新之中。现在有些壁纸引进了高科技，与建筑的整体融合更加紧密，给人们的生活带来了很多方便和快乐。

第二节　裱糊用胶及常用工具

一、壁纸裱糊常用胶粘剂

1. 聚乙烯醇胶粘剂

聚乙烯醇胶粘剂是将聚乙烯醇树脂溶于水后制成的，俗称"胶水"。它的外观如白色或微黄色的絮状物，气味芬芳，无毒，施涂方便，能在胶合板、水泥砂浆、玻璃等材料表面涂刷。

2. 聚乙烯醇缩甲醛胶

聚乙烯醇缩甲醛胶又称108胶，是以聚乙烯醇与甲醛在酸性介质中进行缩合反应而制得的一种透明水溶液。无臭、无味、无毒，有良好的黏结性能，黏结强度可达0.9 MPa。它在常温下能长期储存，但在低温状态下易发生冻胶。108胶既可用于壁纸、墙布的裱糊，还可用作室内外墙面、地面涂料的配置材料。在普通水泥砂浆内加入108胶后，能增加砂浆与基层的黏结力。

据测试，108胶用于裱糊壁纸有以下三点技术性能：

（1）黏结强度高且耐老化。用108胶将壁纸的纸基与水泥砂浆墙面黏结。将试件经过28 h的人工老化循环后再测定其黏结强度，结果表明纸的强度有所下降，而胶的黏结强度大于纸本身，即当试件受压时，纸被拉断而黏结处未被破坏。

（2）耐潮湿和耐碱。用108胶将壁纸贴在用10 cm厚加气混凝土板制成的小水槽内，待胶干后，在槽内注水，水通过槽壁溶解加气混凝土板中所含的游离盐、碱，并一起向外渗透。三个月后，壁纸表面析出盐的结晶，部分因水渍而变色；有的腻子层从加气混凝土面上脱开；而108胶的黏结面没有开胶、起鼓和脱落现象。

（3）防霉。用一个立方体砂浆试块，三个面用108胶贴壁纸，另三个面只刷108胶，置于腐蚀菌培养箱内。8天后，三个涂胶的面上没有菌体，而贴了壁纸的三个面上已长满黑色菌体，说明108胶因含有甲醛成分而具有一定的防止菌体滋生的能力。

3. 聚醋酸乙烯胶粘剂

聚醋酸乙烯胶粘剂又称"白乳胶"，是由醋酸乙烯经乳液聚合而制得的一种乳白色的、带酯类芳香的乳状胶液。它配置方便，常温下固化速度快，胶层的韧性及耐久性好，不易老化，无刺激性臭味，既可作为壁纸、墙布、防水涂料和木材的胶结材料，也可作为水泥砂浆的增强剂。

4. 801胶

801胶是由聚乙烯醇与甲醛在酸性介质中经缩聚反应，再经氨基化后

而制得的，是一种微黄色或无色透明的胶体，具有无毒、不燃、无刺激性气味等特点，它的耐磨性、剥离强度及其他性能均优于108胶。

5. 墙纸专用胶粉（粉末壁纸胶）

粉末壁纸胶是一种粉末状的固体，能在冷水中溶解，使用前可将胶粉以1∶17的比例与清水搅匀混合，搅拌10 min后形成糊状时即可使用。这种胶粘剂的黏度适中，无毒、无味、防潮、防霉，干后无色，不污染墙纸，并具有使用方便、便于包装运输等优点，可用于各类基层的墙纸及墙布的粘贴。

6. 其他胶结材料

目前市场上的许多壁纸都配有专用的裱糊胶结材料，其中有胶浆或墙纸粉。用墙纸粉调成的胶浆，一般涂于壁纸背面，而不涂在墙上。墙纸粉与水的比例有1∶15、1∶20、1∶40三种，分别用于裱糊塑料薄膜壁纸、厚壁纸和经过预处理的墙纸。使用前，应先将墙纸粉放入水中，搅拌1~2 min，应边加粉边搅拌，否则容易结块。静置25 min后，再彻底搅拌一次，使之呈糊状再使用。

此外，SC8104胶等均可用于壁纸的裱糊工程。胶粘剂应按壁纸的品种选配，并应具有防霉、耐久等性能。如有防火要求时，其胶粘剂应具有高温不起层的性能。

二、裱糊工程常用工具

裱糊工程中的常用工具有活动裁纸刀、薄钢片（也可用有机玻璃或塑料板制作）刮板、橡胶刮板、胶滚及金属滚筒、铝合金直尺、钢抹子、油灰刀、剪刀、2 m直尺、水平尺、钢卷尺、板刷、排笔、裁纸案台、小台秤、软布、毛巾、注射器等。

第三节 各种壁纸的裱糊施工

一、一般壁纸裱糊施工

1．基层处理

裱糊壁纸的基层，要求坚实牢固，表面平整光洁，不疏松起皮、掉粉，无砂粒、孔洞、麻点和飞刺，否则很难保证壁纸平整。另外，墙面应基本干燥，不潮湿发霉，含水率低于 5%。经防潮处理后的墙面，可减少壁纸发霉现象和受潮起泡脱落现象。基层质量的好坏直接决定壁纸裱糊的最后效果。

（1）底灰腻子。底灰腻子用来修补填平基层表面的麻点、接缝、钉孔、凹坑等部位。调配腻子的配比可参见下面几种配比。

①乳胶腻子。

白乳胶：石膏粉：甲基纤维素（2%溶液）=10：6：0.6。

白乳胶：滑石粉：甲基纤维素（2%溶液）=1：10：2.5。

②油性腻子。

石膏粉：熟桐油：清漆（酚醛）=10：1：2。

白垩：熟桐油：松节油＝10：2：1。

（2）基础面施工。对根据设计要求需进行裱糊施工的部位，必须进行基础面的处理。基础面施工质量的好坏将直接影响裱糊的质量。

①基础表面必须符合平整、无凹凸、牢固、无裂缝、阴阳角横平竖直等条件。首先应对其基础表面进行嵌补，批平打磨，可选用高强度等级白水泥、石膏粉、滑石粉、建筑胶水等材料，根据不同基础面满批平整，并清除粉尘；对凹凸不平的墙体、顶部等面积较大的部位必须用 2 m 直尺检查，表面平整度误差不得大于 2 mm，阴阳角必须顺直。

②基础表面施工后，手摸干燥无明显缺陷，依次涂上清油两遍，待干透后才能裱糊。

2．一般壁纸裱糊的工序及工艺

（1）根据设计要求选用相应品种、规格、颜色、花形、性能的壁纸，尤其是需要拼花形、纹样的壁纸应根据实际裱糊面积计算用量及损耗。

（2）如选用纤维类壁纸，应先用清水浸泡，或使用羊毛刷蘸水刷在壁纸上，浸泡时间视不同壁纸的性能而定，浸泡后应将壁纸反卷竖起，使其淌干多余水分（图8-1）。

（3）选用专用壁纸胶粘剂或自制防腐性胶液，可用软毛滚筒均匀涂在被饰墙顶面，注意不能太厚或漏涂。贴第一幅壁纸时，一定要用垂直线确定垂直面，壁纸从上往下，顶部壁纸从主要面往次要面顺序施工，施工时用专用刮板，用力要均匀，刮平气泡和多余胶液，渗出的多余胶液应及时擦洗干净。

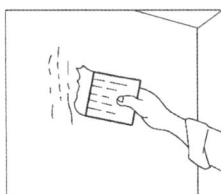

（4）凡需对纹、对花裱糊的壁纸应注意花形方向，拼接严密，刮平时用力要均匀，接口要自然平直，不能重叠或留缝（图8-2）。

（5）窗台、门套上方的拼接要事先计算好，收头一般在次要部位，如门后、窗帘等能遮挡的地方。

（6）贴壁纸结束后应用干净软布湿擦表面，使其整洁干净，在门窗、踢脚板、挂镜线、阴阳角及墙顶部造型周围要切割整齐、粘贴牢固（图8-3）。

（7）在电气开关面板、开关箱四周，应将其卸下贴好后再安装，不能图省力留缝隙。

3．裱糊施工要求

（1）面层材料和辅助材料的品种、级别、性能、规格、花形、花色必须符合设计要求、产品技术标准与现行施工验收规范的规定，并符合建筑室内装饰设计防火的有关规定。检验方法为检查产品证书和现场材料验收记录。

（2）面层裱糊必须牢固，不得有空鼓、翘边、皱褶。检验方法为观察。

（3）裱糊表面质量应符合色泽一致，无倒顺、无斑污，正斜视无胶痕、无明显压痕。检验方法为观察。

（4）各幅拼接应符合横平竖直、图案端正、拼接处图案花纹吻合，距 1 m 处正视不显拼缝，阴角处搭接顺光，阳角无接缝，角度方正，边缘整齐无毛边。检验方法为观察。

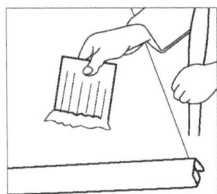

图8-1 用羊毛刷将壁纸蘸水　　图8-2 需对纹、对花裱糊的壁纸　　图8-3 壁纸裱糊施工

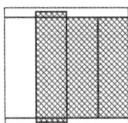

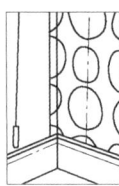

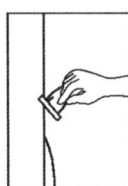

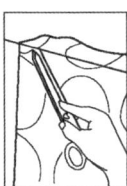

室内装饰材料与施工工艺

（5）与挂镜线、踢脚板、电气槽盒开关等交接处应严密无缝隙，无漏贴和补贴，不覆盖需拆卸的活动件，四周边缘切割要整齐、顺直无毛边。检验方法为观察。

（6）玻纤壁纸、无纺壁布及锦缎裱糊应表面平整挺秀、拼花正确、图案完整、连续对称、无色差、无胶痕、无划痕、面层无漂浮、经纬线顺直。检验方法为观察。

4. 裱糊施工注意事项

（1）壁纸粘贴后，如发现有空鼓、气泡，可用针刺放气，再用注射器挤进粘接胶水。也可用壁纸刀切开泡面，加粘接胶水后用刮板刮平。将纸面上的多余胶液清理干净。

（2）如果已贴好的墙纸边缘因脱胶而有卷翘起来的地方，应将翘边墙纸翻起认真检查，属于基层有污物者，应清理干净，再补贴胶液粘牢；属于胶粘剂粘性小的，要改用胶性较大的胶粘剂粘贴。如墙纸翘边已变硬，则要用黏结力较强的胶粘剂粘贴。

（3）吊顶处裱糊墙纸，第一张通常要贴近主窗，方向与墙壁平行。长度过短时，则可与窗户成直角粘贴。裱糊前应先在吊顶与墙壁交接处弹上一道粉线，先敷平一段，然后沿粉线敷平其他部分，直到整段壁纸贴好后割去多余部分。

（4）壁纸的拼接处应有 2 cm 左右重叠，这样做拼缝能够对齐，胶粘也比较结实，不会出现开裂、脱落、漏缝等现象。

二、裱糊塑料壁纸

塑料壁纸采用 PVC 塑料制成，品种、花色非常丰富，塑料壁纸是家庭装饰使用最广泛的一种墙纸，经过涂布、印花等工艺制作而成，柔韧耐磨，可擦洗，耐酸碱，有吸声隔热的功能。塑料壁纸通常分为普通塑料壁纸、发泡塑料壁纸等，每一类塑料壁纸又分若干品种，每一品种塑料壁纸再分为各式各样的花色。

普通塑料壁纸包括单色压花、印花压花、有光压花和平光压花等几种，是目前使用最多的塑料壁纸。

发泡塑料壁纸有高发泡印花、低发泡印花和发泡印花压花等品种。高发泡塑料壁纸表面有弹性凹凸花纹，是具有装饰和吸声等多功能的壁纸。低发泡塑料壁纸表面有同色彩的凹凸花纹图，有仿木纹、拼花、仿瓷砖等效果，图案逼真，立体感强，装饰效果好，适用于室内墙裙、客厅和楼内走廊等环境。

1. 操作工艺

（1）裱糊前应将凸出基层表面的设备或附件卸下，保存妥善，待裱糊后再安装复原。

（2）墙体的孔洞应填塞，用砂浆填补平整，接口平顺，基层表面不应有飞刺、砂粒、凸泡、空鼓离层和灰面爆灰等。

（3）裱糊前应将基层表面的污垢尘土、浮松灰面、漆面、油污等清除干净，泛碱部位宜用 9% 的稀醋酸中和冲洗。

（4）旧墙裱糊时，墙面上原附着牢固、表面平整的旧溶剂涂料墙面应打毛处理。

（5）块料拼装的基层如石膏板、木胶合板等，钉帽应打入基层表面，并涂防锈漆防止钉帽锈蚀，钉眼用油性腻子填平。

（6）块料拼装的基层如石膏板、木胶合板等拼接缝以及不同材料的基层相接处应用砂纸、砂布或穿孔接缝带糊条。糊条前的接缝应用小刮刀把腻子均匀平顺饱满地嵌入接缝内，待嵌缝腻子初凝后，再用稠度适中的乳液涂刷一遍，随即贴上糊条，用刮刀刮平，干后在嵌缝处满刮腻子至平顺。

（7）抹灰面、混凝土面应用腻子找补后，满刮腻子一遍，用砂纸打磨平整，木料面、纸面石膏面用油性腻子局部找平，并磨平整。无纸面石膏板面应满刮石膏腻子一遍，用砂纸打磨平整。

（8）裱糊基层嵌补磨平后，表面应平整洁净，经检查符合技术要求后，表面满涂稠度适中稀清油（或底胶）一遍，涂刷时应薄而均匀，不应有流坠油痕，待涂层面干燥后（干燥程度以涂面不粘手为准）进行裱糊。

注：①稀清油配比（质量比）为酚醛清漆：松节水 = 1：0.4。

②底胶配比（质量比）为 108 胶水：水 = 1：1。

③木胶合板面基层宜用混色油漆刷底，色泽视壁纸面定。

2. 施工程序

裁纸→纸背闷水→纸背涂刷胶粘剂→砂纸磨平→满刮腻子→干后找补腻子→干后清理基层→墙面涂刷清油（或底胶）→墙面划出垂直线→墙面涂刷胶粘剂→纸幅上墙拼缝对花→裱贴刮压理平→整理纸缝→清理和刷净纸面。

三、裱糊金属壁纸

金属壁纸又称金箔壁纸，是在纸基上压了一层极薄的有色及有图案的金箔。金属壁纸有多种色彩，其底色分银白色、古铜色、金铜色、红铜色、不锈钢板色等，总之以金属质感为主。金箔本身十分薄，贴面时，基层一定要平坦洁净。金属壁纸在裱糊时一定要防止折伤，否则会影响装饰质量。

金属壁纸在裱糊前也需浸水，一般浸水 2 min 左右便可。将浸过水的壁纸抖去水，在阴凉处放置 7 min 左右便可刷胶。

金属壁纸刷胶要用专用的壁纸胶粉。刷胶时准备一根长度大于壁纸宽度的塑料管，一边在裁剪好并浸过水的金属壁纸背面刷胶，一边将刷过胶的部分向上卷在塑料管上。

金属壁纸的收缩量很小，在裱糊时一般可采用对缝裱或搭缝裱。金属壁纸对缝时，都有对图案拼接的要求。裱糊时先从上面开始对图案，操作时需要两个人同时配合，一个人负责对图案，另一个人负责手托金属壁纸卷筒，一边粘贴一边用橡胶刮子刮平壁纸，刮时由纸的中间部位往两边压刮，让胶液向两边流动使粘贴更均匀；用力要均匀适中，刮板要靠平，要避免用刮板的尖端来刮壁纸，以防刮伤金属表面。若两幅间有小缝，则应用刮板在裱贴的这幅壁纸上向先粘好的壁纸这边刮，直到拼严为止。

四、裱糊锦缎

在裱糊工程中，裱糊锦缎的技术性和工艺性是最高的，不但要求施工人员有一定的施工经验，还要求施工者耐心细致。

因为锦缎柔软光滑，极易变形，难以直接裱糊在木质基层面上，故在锦缎裱糊前应先在锦缎背后上浆，并裱糊一层宣纸，使锦缎挺括，以便于裁剪和裱贴。

裱糊上浆用的浆液是由面粉、防虫涂料和水配合而成的，其质量配比为 5 ∶ 40 ∶ 20，调配成稀而薄的浆液。上浆时应将锦缎正面平铺在面积较大且平滑的案台上，将锦缎的两边压紧，用排刷沾上浆液从中间开始向两边刷，使浆液均匀地涂刷在锦缎背面，浆液不可过多，以能打湿背面为准。

在另一张大案台上，平铺一张幅宽大于锦缎幅宽的宣纸，并用水把宣纸打湿，使其平贴在案台上。用水量要适当，以刚好打湿为宜。

然后把涂过浆液的锦缎从案台上拿起来，将涂有浆液的一面向下，把锦缎粘贴在打湿的宣纸上，并用塑料刮片，从锦缎的中间开始向四边刮压，以便锦缎与宣纸粘贴均匀。待打湿的宣纸干后，便可从桌面上取下，这样锦缎就与宣纸贴合在一起了。粘贴时，案台表面一定要光滑，这样才能保证粘贴后的锦缎能顺利揭下。

锦缎在裱贴前要根据其幅宽和图案花纹认真裁剪，并将每个裁剪好的开片编号，裱贴时要对号进行。其裱贴方法基本上与金属壁纸相同，这里不再赘述。

因为锦缎为丝制品，很容易被虫蛀，在锦缎裱糊后要涂刷一遍防虫涂料。

锦缎裱糊后，要全面地进行检查修补。各处的翘角、翘边要及时进行补胶，并用木棍或橡胶辊压实。有气泡处可先用注射针头排气，并同时用注射管注入胶液，再用辊子压实。如表面有皱褶时，可趁胶液未干时轻刮，直至刮平为止。表面的胶水和污物要及时擦净，最后把各处多余部分用壁纸刀小心割掉。

BENZHANG XIAOJIE

本章小结 ····

本章介绍了壁纸的种类及特征，重点讲述了裱糊工程的施工内容，包括壁纸、裱糊工具及裱糊工艺等。

· · · · **思 考 与 练 习**

SIKAO YU LIANXI

1. 裱糊壁纸应注意哪些问题？
2. 裱糊工程常用工具有哪些？
3. 如何选择壁纸布？

配套工程安装及
注意事项

习题与答案

CHAPTER NINE

第九章
配套装饰工程

■ **本章知识点**

本章主要介绍室内配套装饰工程的相关内容，包括结构玻璃墙、全玻璃装饰门、玻璃护栏、地毯、卫浴设施安装、灯具安装施工等内容。

■ **学习目标**

通过本章的学习，了解地毯施工的基本内容；掌握卫浴设施安装、灯具安装施工；重点把握玻璃工程的施工工序及工艺。

装饰工程是一种比较复杂的系统工程，需要多个工程相互配合、协调，其中许多配套工种有一定的技术性，如玻璃工程、地毯铺设工程、卫浴设施工程、灯具安装工程等。

第一节　结构玻璃墙施工

玻璃最初用在建筑上的主要功能是采光和遮风挡雨。随着社会发展的需要，玻璃制品正在向多品种、多功能的方向发展。现在玻璃是最具现代感的装饰材料之一。兼具装饰性与功能性的玻璃新品种的不断问世，为现代建筑设计和室内装饰设计提供了更加广阔的天地。现代建筑越来越多地采用玻璃门、玻璃隔断、玻璃栏板、玻璃家具和玻璃装饰艺术品，以达到降低结构自重、美化环境、增加透明感等多种目的。用玻璃装饰的空间显得通透、明亮、华美、典雅，有一种玲珑剔透的清凉感和开阔感。在一些开敞空间中用大面积的玻璃做隔断会增加视觉上的开敞感。因此玻璃正日益变为建筑装饰的主要材料。

结构玻璃墙又称无骨架玻璃幕墙。这种结构玻璃墙多用于建筑的外立面首层或二、三层，整个玻璃墙采用通长、超厚、大规格玻璃。其玻璃厚度为 12～25 mm，高度为 6～12 m。结构玻璃墙的面玻璃多采用钢化玻璃和夹层钢化玻璃。在确定高度的情况下，对面玻璃的规格、面积大小、厚度及肋玻璃的宽度与厚度，均应进行抗压和强度计算。玻璃之间的间隙一律采用硅酮玻璃胶黏结，间隙的大小要依玻璃的厚度而定。

无骨架玻璃幕墙与其他类型的玻璃幕墙有所区别，它既不使用钢骨架也不使用铝合金骨架，其玻璃本身既是饰面构件，又是承受水平荷载的承重构件。由于没有骨架，整个玻璃墙采用通长的大块玻璃，通透感更强，视线更加开阔，立面也更为简洁。这种玻璃墙的玻璃固定有两种方法：一种是用悬吊的吊挂结构将面玻璃和肋玻璃固定，此种方法适用于高度较大的单块玻璃；另一种是用特种型材在玻璃的上部将玻璃固定而不设肋玻璃。这种方法适用于一般高度的墙面。

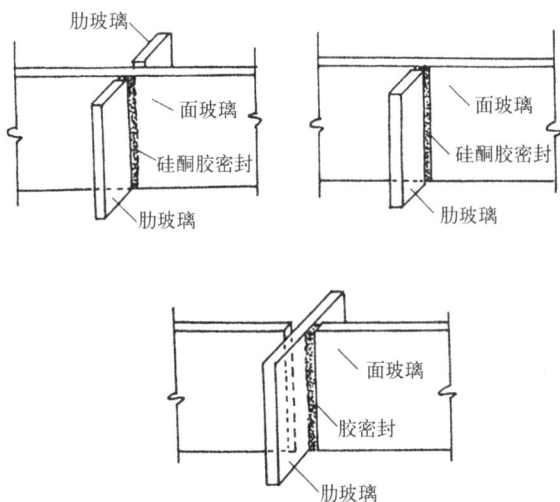

一、设玻璃肋的玻璃幕墙

这种无骨架玻璃幕墙，除了大面积的玻璃之外，还要加设与面玻璃呈垂直设置的条形玻璃，称之为肋玻璃。肋玻璃所起的作用是对面玻璃形成稳定支撑。面玻璃与肋玻璃的相交部位分为三种构造形式：第一种是肋玻璃装在面玻璃的两侧，呈垂直十字状；第二种是肋玻璃装在面玻璃单侧，呈垂直丁字状；第三种是肋玻璃装在面玻璃两端，面玻璃装在肋玻璃的中间，呈垂直十字形。玻璃之间的间隙均采用硅酮胶粘结、密封（图9-1）。

无骨架玻璃幕墙所采用的玻璃多为钢化玻璃或夹层钢化玻璃等。其玻璃的厚度及种类，要根据幕墙的高度、风压以及分块尺寸等因素而定。肋玻璃幕墙的固定方法，可采用吊钩悬吊固定、特殊型材固定和金属框固定等方法（图9-2）。

二、点支式玻璃幕墙

点支式玻璃幕墙由于视觉通透、结构新颖、传力可靠、安全耐用，近年来在各类公共建筑中得到越来越多的应用（图9-3）。

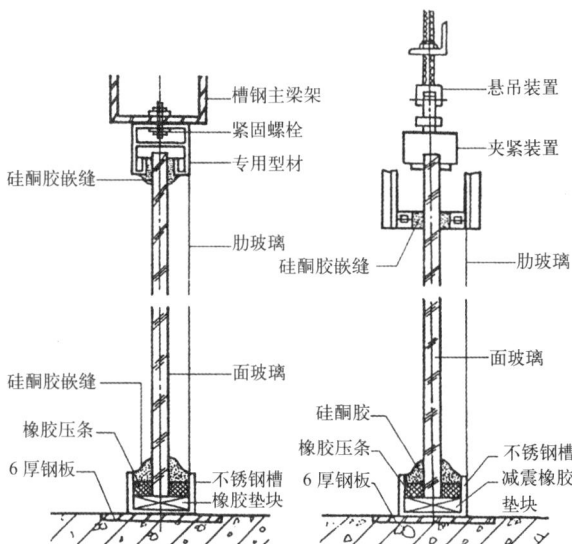

图9-1　面玻璃与肋玻璃相交部位的处理

图9-2　设有玻璃肋的玻璃幕墙剖面图

室内装饰材料与施工工艺

点支式玻璃幕墙是将经过特殊处理的安全玻璃，利用各类支撑爪件安装到一个完全开放的空间轻钢承重结构上，利用穿过玻璃的球铰螺栓及锁紧螺母，将其固定在钢结构上。支撑爪件是完全刚性的材料，通过特殊柔性结构将玻璃组装起来。支撑爪件可以使玻璃在风压、自重、震级限度内产生的内部应力等的作用下自由弯曲，其特点是力的转换与变向，达到力的分解作用。点支式玻璃幕墙大多采用钢索支撑，经多个三角形的构造传递力的作用，使之既轻巧又稳固（图9-4）。

1. 点支式玻璃幕墙的基本要求

点支式玻璃幕墙的基本要求主要包括以下四点。

（1）点支式玻璃幕墙应综合建筑物的使用功能、建筑立面设计、节能要求、工程投资等技术经济条件确定幕墙的构造类别和结构形式，并与建筑整体和建筑环境相协调。

（2）点支式玻璃幕墙的立面及分格设计应与室内空间结构、楼地面标高位置相适应，不能妨碍室内的视觉效果。

（3）点支式玻璃幕墙除符合一般幕墙的技术规定外，在确定玻璃面板的规格尺寸时，还应有效提高玻璃原片的成材率，适应钢化和夹胶技术的加工设备尺寸。

（4）点支式玻璃幕墙应适应建成后的日常维护和情况。点支式玻璃幕墙的高度超过40 m时，应设置清洗设施。

2. 点支式玻璃幕墙的支撑爪件与连接方式

（1）支撑爪件的分类。支撑爪件按固定点数和外形可分为五类（图9-5）。

①单点爪——1/2型和V/2型。

②二点爪——U形、V形、I形、K形。

③三点爪——Y形。

④四点爪——X形和H形。

⑤多点爪。

（2）点支式玻璃幕墙的连接方式。点支式幕墙的连接方式一般可分为四类（图9-6）。

①钢拉杆点支幕墙。

②肋驳接点支幕墙。

③钢结构点支幕墙。

④单层索点支幕墙。

图9-3 点支式玻璃幕墙

图9-4 点支式玻璃幕墙

图9-5 不同规格的支撑爪件

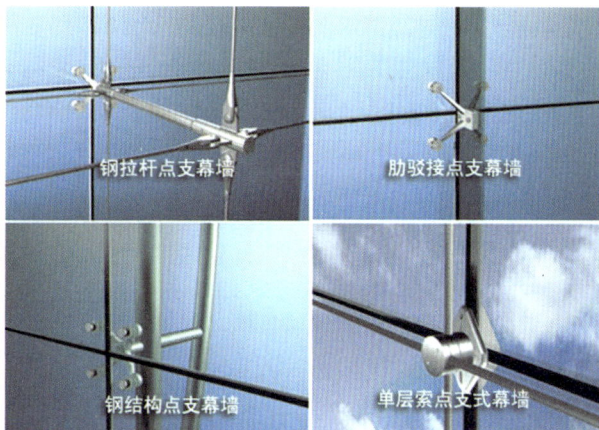

图9-6 点支式玻璃幕墙的连接方式

3．点支式玻璃幕墙的安装

点支式玻璃幕墙的安装应做好以下几点：

（1）在点支式玻璃幕墙支撑结构安装过程中，制孔、组装、焊接和涂装等工序均应符合《钢结构工程施工质量验收规范》（GB 50205—2001）的有关规定。

（2）大型钢结构构件应做吊点设计，并试吊。

（3）钢结构安装就位、调整后应及时紧固，并申报隐蔽工程验收。

（4）钢拉杆和钢拉索安装时必须施加预拉力，预拉力采用测力仪测定，应设置预拉力调节装置，使之符合设计要求。

（5）点支式玻璃幕墙爪件在安装前应精确定出安装位置。爪件装入爪座后应能进行三维调整，爪件安装完成后，应对爪件的位置进行检验，检验结果应符合安装技术要求。

（6）点支式玻璃幕墙的玻璃面板安装除应符合现行行业标准《玻璃幕墙工程技术规范》（JGJ 102—2003）的有关规定外，还应在玻璃面板安装就位后初步固定，在位置调整后再正式固定。

4．点支式玻璃幕墙的保养与维修

点支式玻璃幕墙的保养与维修应做好以下两点：

（1）点支式玻璃幕墙应定期检查承重钢结构，如有锈蚀应除锈补漆。

（2）当发现点支式玻璃幕墙的玻璃面板出现裂纹时，应及时采取临时加固和保护措施并尽快更换。

三、玻璃砖墙安装

玻璃砖是采用机械压制的方法制成的，具有透明度高、加工精细、装饰性强、内在质量好等特点，并有多种花格与图案，可以根据需要加工定制，适用于宾馆、饭店、体育馆、展览厅、办公楼、学校、医院等公共建筑（图9-7）。

1．材料与施工工具

（1）材料

①根据设计要求，选用合格的玻璃砖，应检查产品合格证书、出厂日期和产品检测报告，挑选棱角整齐，规格一致，表面无裂痕、无气泡、无碰伤的玻璃砖。

②选用 42.5 级普通硅酸盐水泥，水泥必须符合国家现行标准要求并在有效期内。

③选用粒径为 0.1～1.0 mm 的砂作为集料，不得掺杂泥土及其他杂质。

④石膏粉、胶粘剂，外墙及水作业较多的应配防水剂。

⑤墙体水平钢筋、槽钢等。

⑥空心玻璃砖及其配套转角。

⑦轻金属型材或镀锌型材，其尺寸为空心玻璃砖厚度加滑动缝隙。型材深度最小应为 50 mm，用于玻璃砖墙的边条重叠部分和胀缝。

⑧混凝土钢筋最少 φ6，镀锌。

⑨硬质泡沫塑料，至少 10 mm 厚，不吸水，用于构成胀缝。

⑩沥青纸，用于构成滑缝。

⑪硅树脂隔热涂料，透明，中性颜色。

（2）施工工具

玻璃砖墙安装需要的施工工具主要有以下几类：

①铁铲、铁锹、灰板、线坠、拉线用尼龙线、橡胶锤。

② 600 mm 以上卷尺，金属水平尺、2 m 直尺、塑料水平管。

③泥桶、水桶、扫帚等。

④电钻、水平尺、木榔头或橡胶榔头、砌筑和勾缝工具等。

2．施工过程

玻璃砖墙施工过程具体有以下步骤：

（1）固定位置：玻璃砖墙的夹持型材要牢靠固定，用水泥进行黏结（图9-8）。

（2）在型材的底面贴硬质泡沫塑料（膨胀缝），在型材的侧面贴沥青纸（滑缝）。

（3）布置横竖钢筋墙脚、侧边条和上边条，每个用两根钢筋。所有钢筋都直通到边条为止（图9-9）。

图9-7 极富装饰性的玻璃砖墙　　　图9-8 玻璃砖固定位置

（4）用砌筑灰浆砌筑空心玻璃砖。

（5）用勾缝灰浆勾缝。

（6）密封胶嵌缝。

（7）玻璃砖墙的连接缝和型材的接缝用塑性密封材料或外墙涂料密封（图9-10）。

3. 适用范围

玻璃砖墙体可作为建筑物的非承重内外装饰墙体。玻璃砖厚度一般为95 mm和80 mm。玻璃砖装饰外墙一般适用于房屋高度24 m及以下（基本风荷载0.55 kN/m²）和抗震设防烈度7度及以下的地区。基本风荷载大于0.55 kN/m²的地区以及抗震设防烈度高于7度的地区，玻璃砖墙体的控制面积需经个别计算确定。

图9-9　玻璃砖钢筋固定　　　　图9-10　玻璃砖墙接缝处理

第二节　全玻璃装饰门施工

全玻璃装饰门是一种典雅气派的公共建筑用门，具有明亮通透、简洁华美的现代感，多用于宾馆、酒店、商场及一些娱乐场所的主入口。所用玻璃一般是厚度12 mm以上的厚质平板白玻璃、钢化玻璃或雕刻玻璃等。有的设有金属扇框，有的活动门扇除玻璃外只有局部的金属边条。框、扇、拉手等细部的金属装饰多是镜面不锈钢、钛金板等。

玻璃门一般主要分固定部分和活动门扇部分（图9-11）。

一、固定部分的安装

1. 安装前的施工

在安装玻璃之前，要先将门框的不锈钢板或其他饰面包板事先安装好。门框顶部的玻璃安装限位槽要留出，其限位槽的宽度应大于所用玻璃厚度2～4 mm，槽深以15 mm左右为好。不锈钢饰面板粘卡在木龙骨上，如采用铝合金方管，可用铝角将其固定在框柱上，或用木螺钉固定在地面埋入的木楔上（图9-12）。

玻璃的详细尺寸要从安装位置的底部、中部及顶部进行测量，选择最小尺寸为玻璃板宽度的裁割尺

图9-11　全玻璃装饰门　　　　图9-12　固定玻璃的安装节点

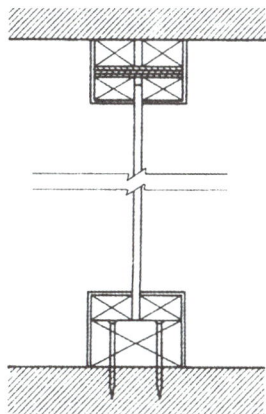

寸。如果从上至下三点尺寸一致，其玻璃宽度的确定应比实测尺寸小 3 mm 左右。玻璃板高度方向的尺寸也要比实际尺寸小 4 mm 左右。裁割后的玻璃板，应对其四周做磨角处理，磨角宽度取 2 mm 为宜。玻璃在工厂加工时可用专门的磨边机进行磨边，如果是现场加工，可用细砂轮磨角。

2. 玻璃的安装

面积较大的玻璃要用玻璃吸盘先将玻璃吸紧，安装时可先将玻璃板上边插入门框顶部的限位槽内，然后将其安放在木托上的不锈钢包面对口缝内。

在底托上固定玻璃板的方法是，首先在底托木方上钉木板条，距玻璃板面 4 mm 左右，然后在木板条上涂刷万能胶，再将饰面不锈钢板粘卡在木方上。

3. 封胶

玻璃门固定部分的玻璃板就位以后，在顶部限位槽处和底部的底托固定处，以及玻璃板与框柱的对缝处等各缝隙处，都要注胶密封。其方法是，先将玻璃胶筒开口后装入胶枪内，即用胶枪的后压杆端头顶住玻璃胶筒的底部；然后一只手托住胶筒，另一只手握着注胶压柄不断松压，循环操作压柄，将玻璃胶注入需要封口的缝隙内。由需要注胶的缝隙端头开始，顺缝隙匀速移动，使玻璃胶在缝隙中形成一条均匀的直线。

二、活动玻璃门扇的安装

因为全玻璃活动门扇不设任何材料的门框边，所以门扇要靠地弹簧来开合。地弹簧与玻璃门扇的上下要用金属横档连接，其安装步骤如下：

（1）安装前，先将地面上的地弹簧和门扇顶面横梁上的定位销安装固定，上下必须在同一条垂直线上。安装时要吊线检查，确认准确无误。

（2）在玻璃门扇的上下金属横档内画线，按线固定转动销的销孔板和地弹簧的转动轴连接板。其具体安装方法需根据不同产品的说明书进行。

（3）玻璃门扇的高度尺寸，在裁割玻璃板时，应注意将上下横档的尺寸一并算入。通常玻璃的高度尺寸要小于测量尺寸 5 mm 左右，以便安装时进行定位调节。

（4）分别将上下横档装在玻璃门扇的上下两端，并进行门扇高度的测量。如果门扇高度不足，即其上下边距门横框及地面的缝隙超过规定值，可在上下横档内加垫木条进行调节（图9-13）。

（5）待门扇高度合适后便可固定上下横档，在玻璃板与金属横档内的两侧空隙处，从两边同时插入小

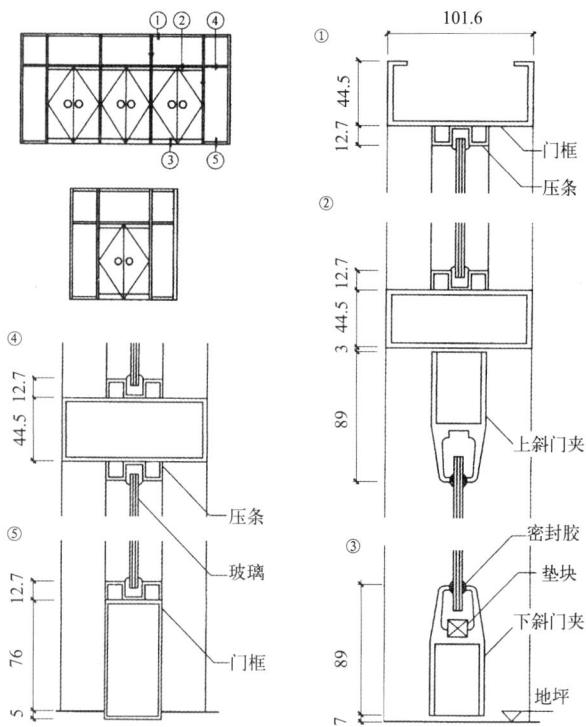

图9-13 活动门扇剖面图

木条，轻敲稳定后，在小木条与玻璃门扇及横档之间的缝隙处注入玻璃胶。

（6）进行门扇定位安装。先将门框横梁上的定位销本身的调节螺钉调出横梁平面 1～2 mm，再将玻璃门扇竖起来，将门扇下横档内的转动销连接件的孔位对准地弹簧的转动销轴，并转动门扇将孔位套在销轴上。然后把门扇转动 90°，使之与门框横梁成直角，把门扇上横挡中的转动连接件的孔对准门框横梁上的定位销，将定位销插入孔内 15 mm 左右。

（7）玻璃门的门拉手在安装前，应事先根据拉手的类型在玻璃上预先钻好安装孔。拉手连接部分插入洞孔时不能太紧，要略有余量。安装前，应在插入玻璃部分的拉手上涂些玻璃胶，如过松也可在插入部分缠上软质胶带。拉手在安装时，其根部与玻璃靠紧后再旋紧固定螺钉。

第三节　玻璃护栏施工

玻璃护栏多用于大型公共建筑内的主楼梯或大厅回马廊等部位，玻璃护栏的栏板一般要配不锈钢或铜质型材立杆及扶手，简洁通透，极具现代感和装饰效果（图9-14）。

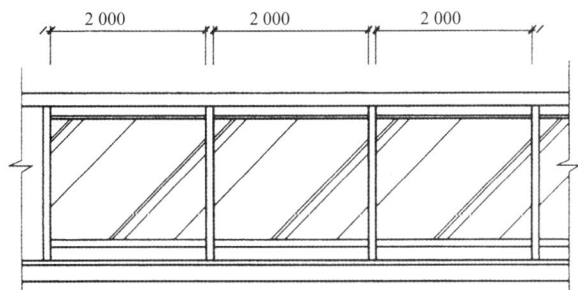

图9-14　不锈钢栏杆玻璃护栏

一、玻璃护栏的材料

1.栏板玻璃

栏板的玻璃一定要采用安全玻璃,现在通常采用钢化玻璃、夹层钢化玻璃及夹丝玻璃。玻璃栏板在护栏的构造中既是装饰构件又是受力构件,需要有防护功能及承受推、靠、挤等外力作用。单层钢化玻璃厚度为 12 mm。钢化玻璃由于不能在施工现场进行裁割,所以要根据设计尺寸到厂家订制。

2.扶手材料

扶手是玻璃栏板的收口和稳固连接构件,其材质会影响使用功能和护栏的整体效果。因此扶手的造型与材质需要和室内环境综合考虑。目前所使用的玻璃护栏扶手材料主要是不锈钢圆管、黄铜圆管及硬质木材等。不锈钢管的外径规格为 50 ~ 100 mm 不等,可根据需要订制。木扶手要选择质地较细腻、坚硬的木材。木扶手具有造型多样、手感温暖、纹理自然等特点。

二、玻璃护栏的基本构造

1.不锈钢扶手

扶手两端的固定点要设在不会出现变形的牢固部位,如墙体、柱体等。固定主体要埋铁件焊接。不锈钢管扶手一般是通长的,市场上型材的长度一般为 6 m,但如果超过此长度就要采用焊接的方法进行连接,焊口部位需在打磨修平之后再进行抛光。为了提高扶手的刚度及考虑玻璃安装的需要,要在圆管内部加设型钢,型钢与外表圆管焊成整体(图 9-15)。

2.木制扶手

木制扶手是玻璃护栏的收口,其材料的质量不仅对使用功能影响较大,同时对整个护栏的效果也会产生较大影响,因此对木扶手的材质要求也较高。木扶手的两端固定点要设在如墙体或柱体等不易变形的部位。可预先在主体结构上预埋铁件,然后将扶手与铁件相连(图 9-16)。

3.玻璃栏板

玻璃护栏的玻璃安装主要有全玻璃式和半玻璃式两类。

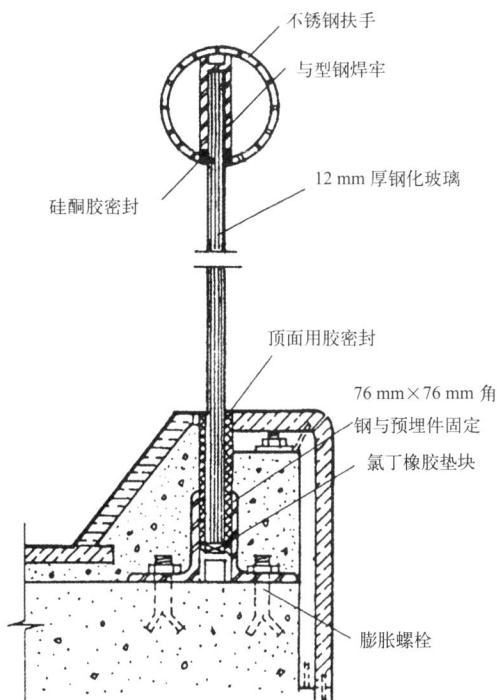

图9-15　金属扶手的玻璃护栏构造

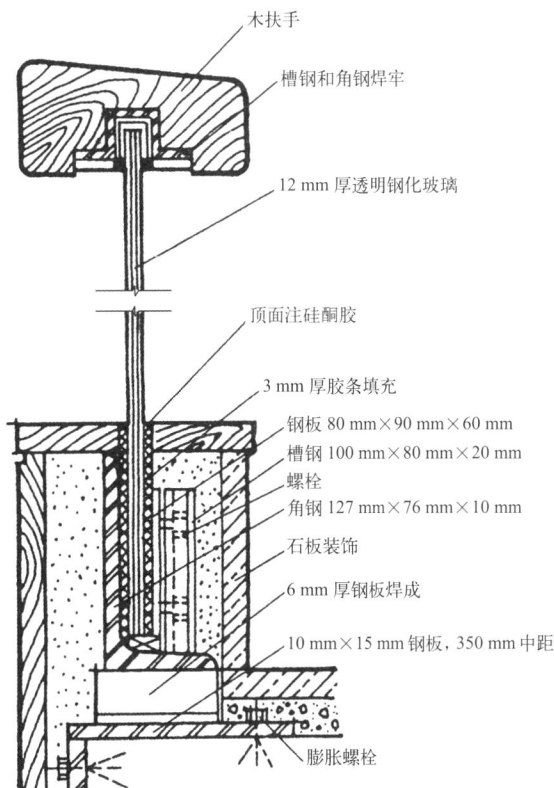

图9-16　木扶手的玻璃护栏构造

（1）全玻璃式安装。全玻璃式护栏如图9-17所示，其中厚玻璃是在下部与地面安装，上部与不锈钢或铜管连接。

（2）半玻璃式安装。半玻璃式护栏如图9-18所示，其中厚玻璃是用卡槽安装于楼梯扶手立柱之间，或者在立柱上开出槽位，将厚玻璃直接安装在立柱内，并用玻璃胶固定。

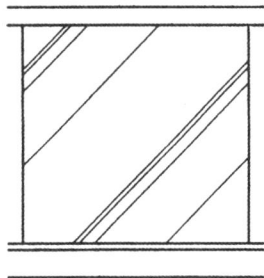

图9-17　全玻璃护栏　　　图9-18　半玻璃式护栏

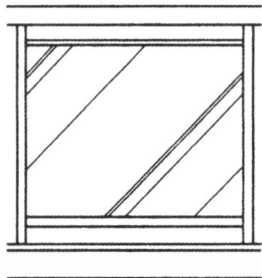

4. 玻璃护栏的底座

玻璃护栏底座的玻璃固定多采用角钢焊成连接固定件，底座部位设两条角钢，留出间隙以安装固定玻璃，间隙的宽度为玻璃的厚度再加上每侧3～5 mm的填缝间距。固定玻璃的铁件高度以大于100 mm为宜，安装玻璃时利用螺栓加垫橡胶垫或利用填充料将玻璃挤紧。玻璃的下部与钢板之间要加垫氯丁橡胶块。玻璃两侧的间隙也要用橡胶条塞紧，缝隙外也要用玻璃胶密封。

三、玻璃护栏施工要点

玻璃护栏施工要点具体如下：

（1）在护栏底座土建施工时，要注意固定件埋设位置的准确，并要符合设计要求。需加立柱时，要确定立柱的位置。

（2）在墙或柱等要设扶手锚固预埋件时，要准确确定安装位置。

（3）扶手与铁件的连接，可采用焊接或螺栓连接，也可用膨胀螺栓锚固铁件。

（4）金属管扶手、边柱和立杆的焊接安装一般较早完成，而玻璃的安装在后，所以在此期间要特别注意金属构件的保护。

（5）人扶在多层回廊部位的护栏上时，由于居高临下，会产生不安全感，所以为增强人们的视觉和心理的安全感，其扶手的高度应取1.1 m为宜。

第四节　地毯施工

地毯吸声、隔声、富有弹性、脚感极好，且施工方便。由于其装饰效果佳，常被用于宾馆、饭店及高级礼宾场所的地面装饰。地毯一般由地毯垫、地毯固定齿条、地毯胶带及地毯收口条等部件组成。地毯的铺设主要经过六道工序。

（1）基层处理。铺设前应对基层表面进行认真处理，要求表面平整、干燥、清洁，表面油污应清理干净。

（2）量尺开料。在开料前，应对铺设地毯的地面进行丈量，校对尺寸，并逐一登记编号，然后才能开料。

（3）安装倒齿条。倒齿条是用于固定地毯的重要部件，用水泥钉将倒齿条固定在基层地面上，安装时一定要与地毯的受力方向相反，如果地毯中间有柱子，柱根四周也要钉倒齿条（图9-19）。

（4）安装地毯垫层。为了使地毯富有弹性，增加脚感舒适性，在地毯的下面还要铺上橡胶气垫或薄海绵，气垫距离倒齿条10 mm左右，应铺设均匀，不能重叠。

（5）地毯的拼接。由于房间的尺度不同，地毯在装饰过程中会进行裁切和拼接，拼接时可采用地毯胶带，将两边对齐，下面衬地毯胶带，用专门的地毯熨斗半置于地毯胶带胶水线上，当高温将胶水热熔后，轻轻移动熨斗，将地毯边按下，使其与胶带紧紧粘在一起（图9-20）。

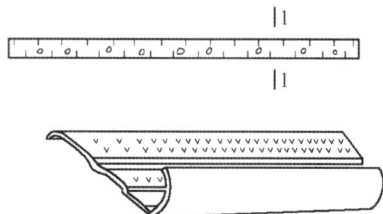

图9-19　地毯的铺设辅件　　　图9-20　地毯拼接

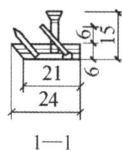

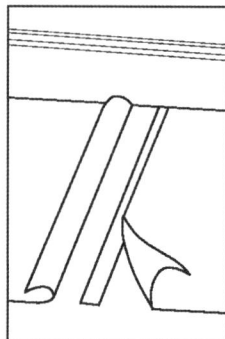

图9-41　壁灯图例

灯具安装要注意安全，禁止带电操作。在接线时，要用瓷接头或绝缘性能好的材料进行包扎，在与金属截面接触的部位要用蜡塑管保护，以免短路引起火灾。

本 章 小 结

本章介绍了配套工程相关内容，包括玻璃工程、地毯施工、卫浴灯具等，并详细介绍了安装尺寸、加工特点和工艺流程。

思 考 与 练 习

1. 全玻璃装饰门有哪些特点？
2. 结构玻璃的安装有何技巧？
3. 谈谈卫生洁具的安装方法。
4. 灯具安装要注意哪些问题？

参考文献

[1] 郭东兴，张嘉琳，林崇刚. 装饰材料与施工工艺[M]. 2版. 广州：华南理工大学出版社，2010.

[2] 苗壮，刘静波. 室内装饰材料与施工[M]. 哈尔滨：哈尔滨工业大学出版社，2000.

[3] 刘峰. 室内装饰施工工艺[M]. 上海：上海科学技术出版社，2004.

[4] 张秋梅. 室内装饰材料与装饰施工[M]. 2版. 长沙：湖南大学出版社，2010.

[5] 平国安. 室内施工工艺与管理[M]. 北京：高等教育出版社，2003.

[6] 郭谦. 室内装饰材料与施工[M]. 北京：中国水利水电出版社，2006.

[7] 丁洁民，张洛先. 建筑装饰工程施工[M]. 2版. 上海：同济大学出版社，2004.

[8] 王义山. 建筑装饰基本理论知识[M]. 北京：中国建筑工业出版社，2000.

[9] 杨天佑. 简明装饰施工与质量验收手册[M]. 北京：中国建筑工业出版社，2004.

[10] 丁宇. 室内装饰材料与施工工艺[M]. 长沙：中南大学出版社，2014.

（6）地毯的铺设。将裁剪并拼好的地毯放好，将地毯的一边固定在倒齿条上，再用地毯撑子进行拉伸，使其平整，一步一步向前推进，一直到地毯被撑紧平整为止，裁去多余地毯，再固定到另一边的倒齿板条上，然后朝两边方向重复这种做法，最后将地毯边塞入脚边下面。碰到留口敞边的地方，使用地毯门口压条收口。地毯铺设好以后，须用吸尘器将绒毛清理干净（图9-21）。

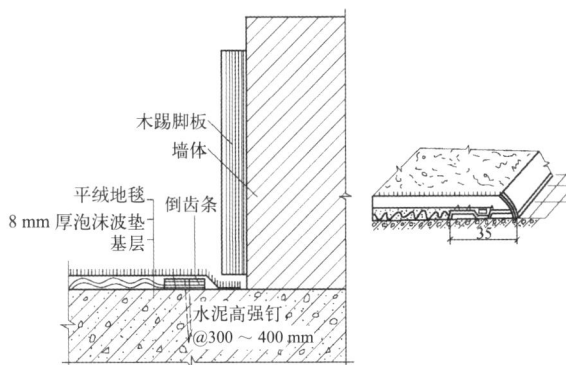

图9-21 地毯的铺设

第五节　卫浴设施施工

卫浴设施包含了洁具、龙头、五金等内容，洁具中有台盆、便槽、浴缸等；龙头有淋浴龙头、水槽龙头；五金有皂盒、手纸盒等。

一、台盆安装

台盆品种较多，造型各异。在安装时，首先一定要与台盆的进水口和落水位置相对应，高度适宜，一般按 800 mm 左右施工。

1. 台上盆安装

台上盆是指将台盆周围端边露在洗漱台台面之上，安装时先将水管接到位，根据台面设计宽度制作钢架，焊好后将其固定在墙体上，然后根据台盆的尺寸，在台面上开洞，洞口尺寸应小于台上盆的边缘尺寸，当盆嵌入台面时台盆边将洞口完全遮挡，同时在接口处要打防水胶，再分别将进水管和排水管接通（图9-22）。

台面板的材料一般选用大理石或花岗石，也有选用人造石和玻璃材料的，在台面板靠墙的位置一般要安装挡水板，在台口部位装台口板，一方面防漏水，另一方面美观。

2. 台下盆安装

与台上盆相比，台下盆安装难度稍大一些。首先安装台盆支架，固定台下盆位置，再安装台面托架，根据台盆口尺寸开洞，洞口要比台盆尺寸缩小一圈，缩进约 10 mm，在接口处打胶，防止渗漏（图9-23）。

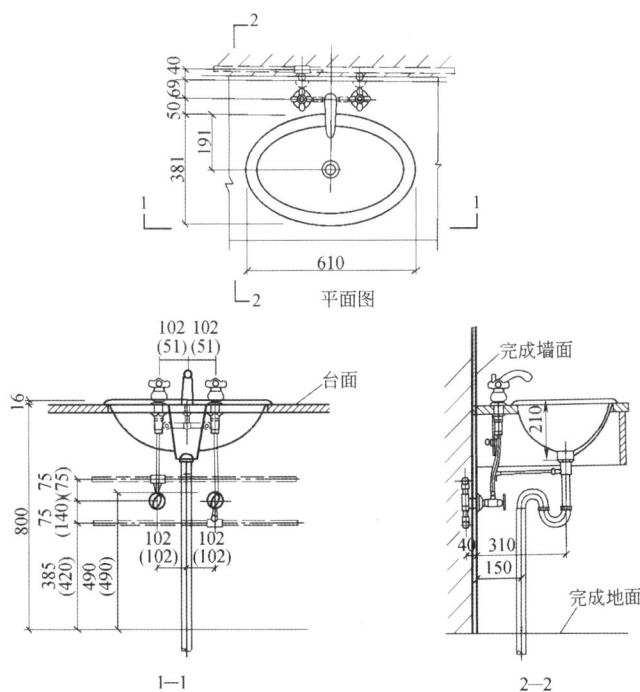

图9-22 台上盆安装结构图

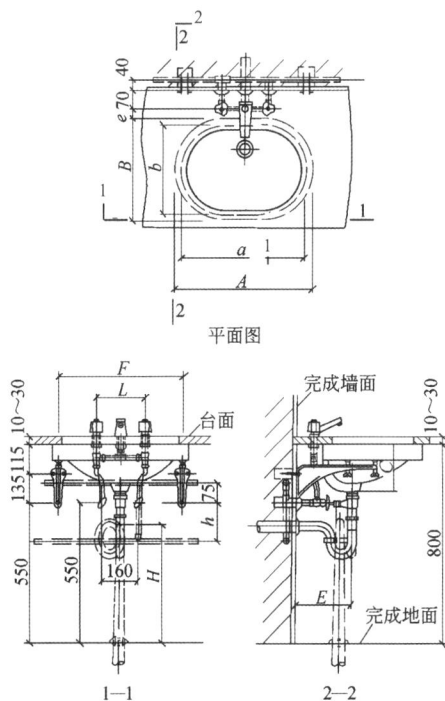

图9-23 台下盆安装结构图

3. 立盆安装

立盆安装按照排水管甩口中心墙体上画竖线，将立柱中心线对准竖线放正，将盆置于立柱上口，放平画好固定盆位孔眼位置，做好打孔标记，用冲击钻打眼，固定安装（图9-24）。

二、坐便器安装

坐便器品种多样，造型各异，功能也不尽相同，但一般不外乎两种类型：一种是分体式坐便器，一种是连体式坐便器。

1. 分体式坐便器安装

分体式坐便器即水箱和坐便器主体分开，在安装坐便器时，先将坐便器预留排水管甩口周围清理干净，将坐便器放到位置上定位，画固定螺栓位置，移开坐便器，打孔，放置膨胀管，固定坐便器；接缝处用石灰膏或水泥、白水泥塞严抹平。主体安装后可以安装水箱，可对准坐便器尾部的中心，在墙上画好垂直线，在距地800 mm的高度画好水平线，根据水箱背后孔眼位置做好定位标记，用螺栓固定在墙体上；按照进水和排水的要求连通水箱与坐便器主体，最后进行试验（图9-25）。

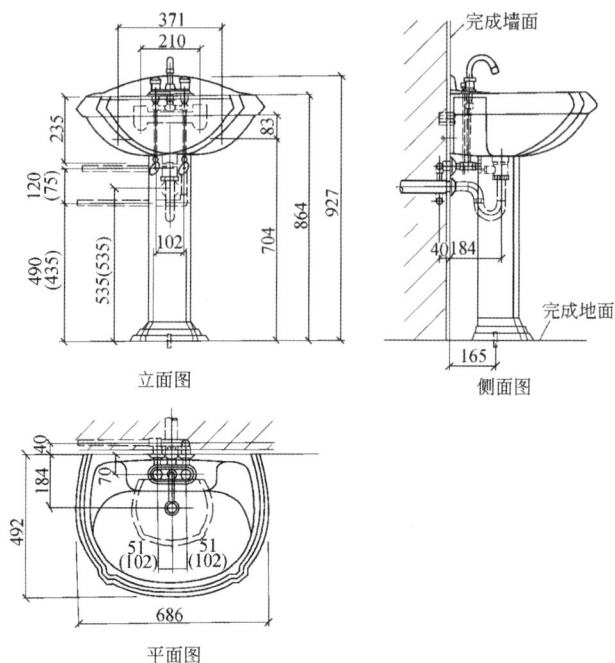

图9-24 立盆安装结构图

2. 连体式坐便器安装

连体式坐便器即水箱与坐便器连成一体，在水封下面一般设有喷射口，是借水的喷射水流加速排污的虹吸式坐便器，其优点是排污快、噪声低，适用于宾馆的卫生间（图9-26）。

连体式坐便器有许多配件，随着现代科技的发展，各种安装在坐便器上的电器产品越来越多，如便洁宝、温水冲洗器等，因此在坐便器的适当位置还要安装电源插座。

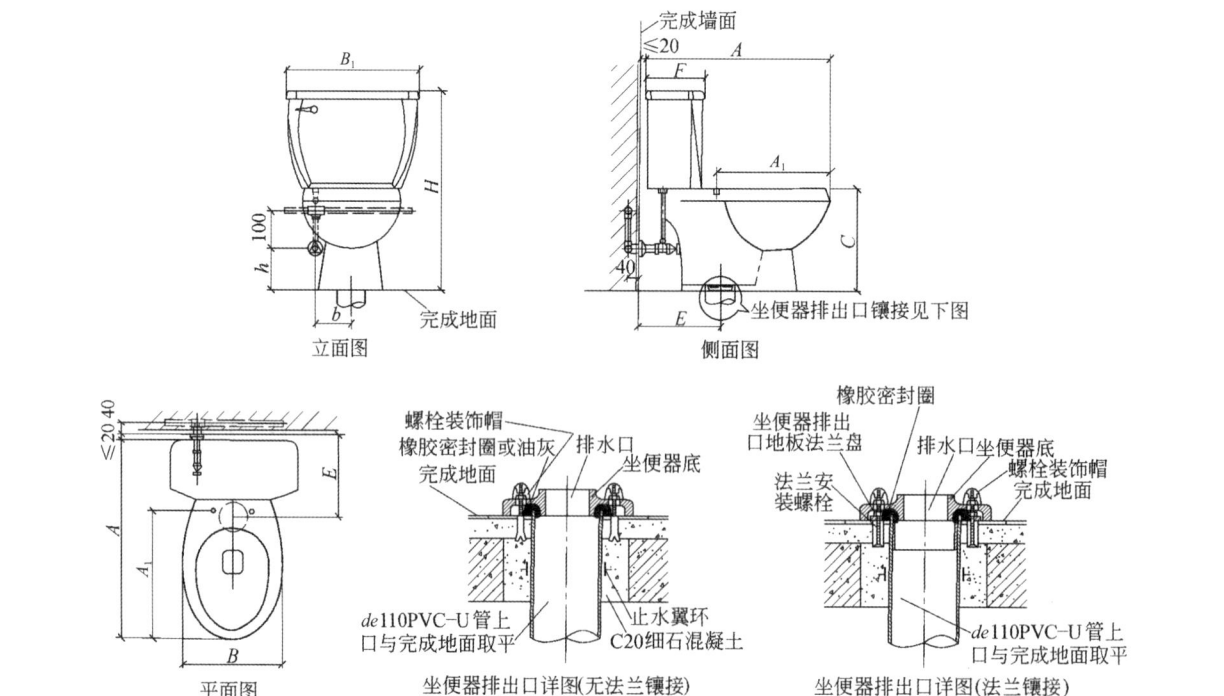

图9-25 分体式坐便器安装结构图

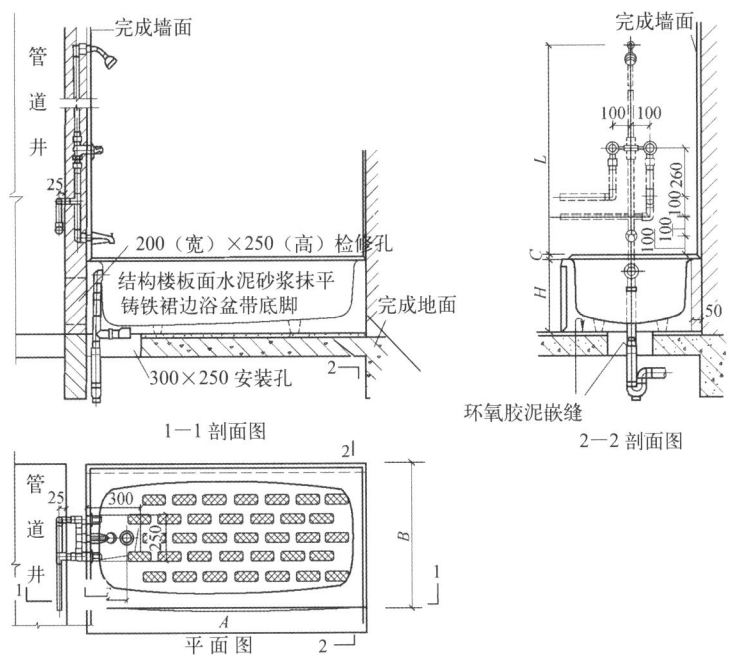

图9-31 浴盆安装结构图

起装；暗管稍复杂一些，即喷淋管道也要凿墙安装，装法同水龙头装法基本相同（图9-32）。

五、整体淋浴房安装

整体淋浴房由多个部件组成。其淋浴盆的安装比较简单，将排水、转换头与淋浴盆连接即可，水龙头大多采用三联混合龙头。淋浴房的安装与一般隔断安装方法一致（图9-33）。

六、卫浴五金安装

卫浴五金器材品种较多，如皂盒、手纸盒、各种拉手、扶手、毛巾架、防水镜、剃须镜、吹风机等。在安装五金件时，要按设计要求定位，画线后，用电锤在墙上打孔，安上膨胀螺栓，然后固定，拧紧螺栓或螺母。要注意打孔时一定要小心谨慎，以防把瓷砖打裂、打碎。

还有一种龙头被称为三联混合龙头。三联龙头是指除冷热龙头之外，还有一个喷淋龙头。喷淋龙头有两种，即明三联和暗三联。明三联指喷淋龙头是明管，暗三联则指喷淋龙头为暗管。明管又分硬管和软管。明管安装很简单，即与冷热龙头一

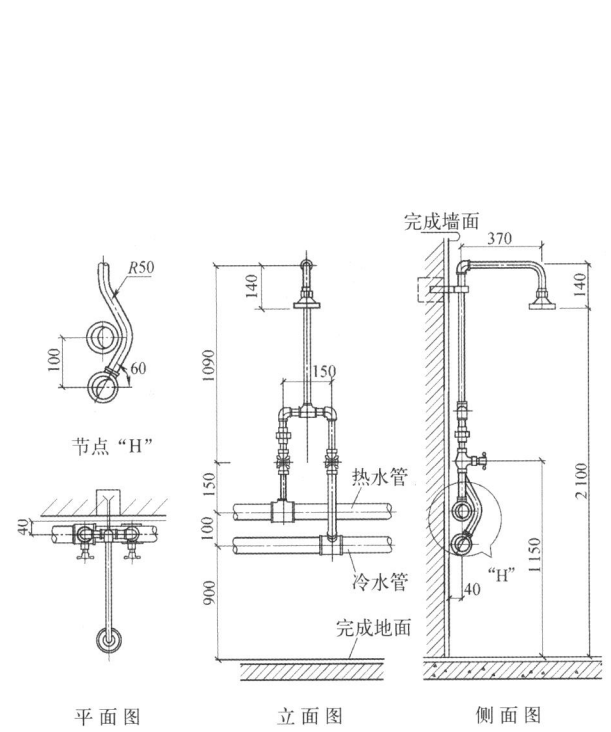

图9-32 水龙头安装结构图

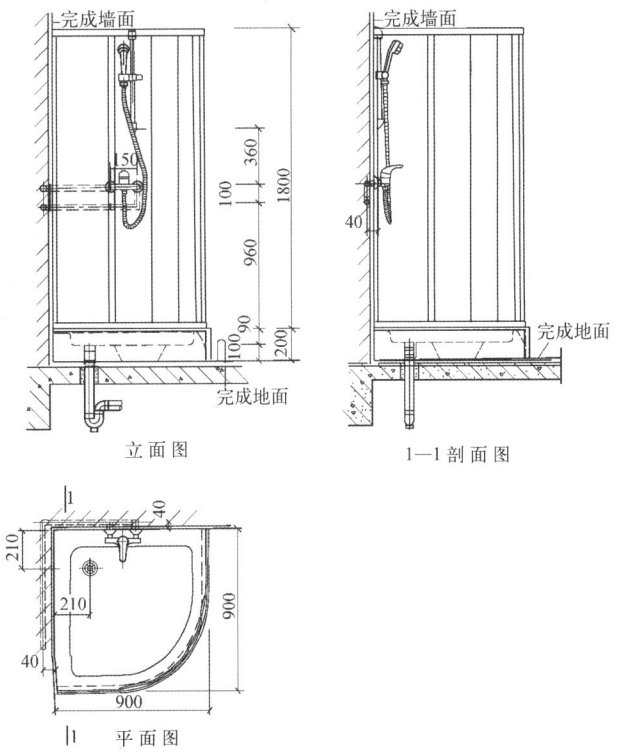

图9-33 整体淋浴房安装结构图

第六节 灯具安装施工

灯具的发展非常迅速,它不仅给人们带来光明,也是重要的装饰组成部分。本节从装饰角度,着重介绍艺术吊灯、嵌入式灯具、吸顶灯以及壁灯的安装工艺。

一、艺术吊灯安装

艺术吊灯常作为室内装饰的主灯,其造型各异、材质多样,通常用于大面积照明。艺术吊灯的安装要根据吊灯的结构,分步安装,一般成品吊灯均有安装说明书,安装时可根据说明书的要求进行。首先组装主结构,如果是大型吊灯则要分组装配组件,然后将主结构悬吊于预留的顶部吊钩上,再装配其他组件,接线、装灯泡和装饰件。大型吊灯有时还须分几路线分别控制,最后试灯(图9-34)。

二、嵌入式灯安装

嵌入式灯一般指筒灯或嵌入式日光格栅灯,是嵌在吊顶中的照明设施。嵌入式灯的品种较多,仅筒灯就有数百种,由于使用的光源不同,筒灯的形式也就不同,有金属卤灯类的筒灯、白炽灯类的筒灯、节能灯管类的卤灯;又由于装灯的形式不一样,同类光源的筒灯还有一些变化,同是节能灯,但灯插座位置不一样,有竖插式、横插式等(图9-35和图9-36)。日光灯由于灯管的功率不一样,数量不一样,灯的造型也不一样,有矩形、方形等(图9-37和图9-38)。这些灯具的安装会因灯具而异,有的用螺栓固定在吊顶上,有的用吊杆悬吊于楼板顶部,还有的用卡接件直接卡住灯具。总之,在装灯前要熟悉安装说明。

三、吸顶灯安装

吸顶灯是直接安装在天花板上的一种固定式灯具,用于室内一般照明。吸顶灯的造型也有多种,其光源大多为白炽灯和荧光灯两类。吸顶灯和吊灯的界线有时是模糊的,有类似吊灯的吸顶灯,如吸顶式灯具(图9-39)。吸顶灯的安装要参照安装说明,一般是先安装支架,用螺钉固定支架,然后安装底座,再接电线,装灯泡和灯罩,调试等(图9-40)。

四、壁灯安装

壁灯是安装在墙体上的一种照明设备,一般作为补充光源,因此壁灯的光源功率一般都比较小。壁灯的安装相对顶灯要容易一些,先用电锤在墙体上打孔,塞入膨胀管,用螺钉固定灯座,校准位置后接线、装灯及调试灯罩(图9-41)。

图9-34 艺术吊灯   图9-35 竖插式筒灯结构及安装示意图   图9-36 横插式筒灯结构   图9-37 嵌入式格栅灯结构

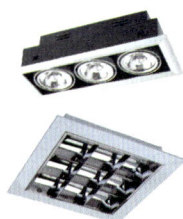

图9-38 嵌入式格栅灯的应用   图9-39 吸顶式灯具   图9-40 吸顶式灯具安装结构

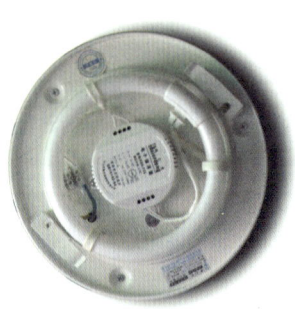

3. 妇洗器安装

妇洗器也称净身盆，是专门洗涤人体排泄器官的卫生设备，按洗涤喷水方向分为斜喷式和上喷式两种，在管道排管时，一定要排入热水管道。首先，将排水预留甩口周围清理干净，去掉临时管堵，清理管内杂物，将妇洗器排水三通下口铜管装好，排水管插入预留排水管的甩口内，将妇洗器放平位置，器具尾部距墙尺寸必须一致，做好标记，移开妇洗器，按标记的螺孔位置剔孔眼，将螺栓插入埋实，将妇洗器安装孔位对准螺栓，下面垫好白灰膏，将排水铜管套上护口盘，将净身器摆正，固定螺栓上套上胶垫和眼圈，拧紧螺母，将护口盘内加满油灰与地面按实，妇洗器底座与地面有缝隙之处嵌入白水泥浆补齐、抹光（图9-27）。

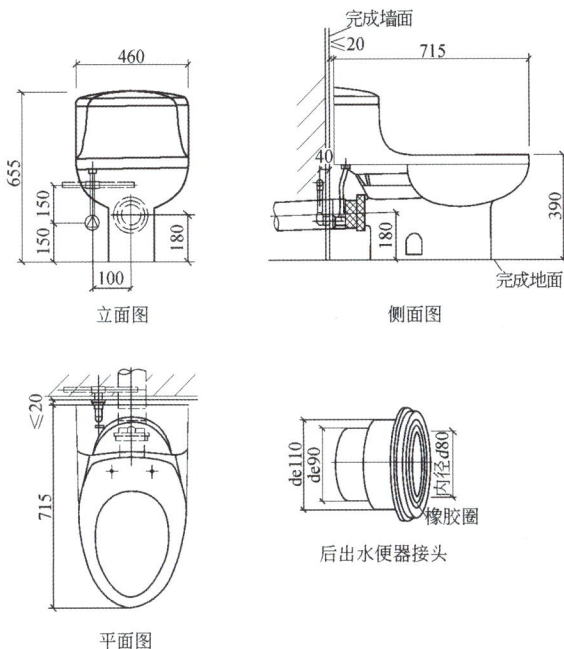

图9-26　连体式坐便器安装结构图

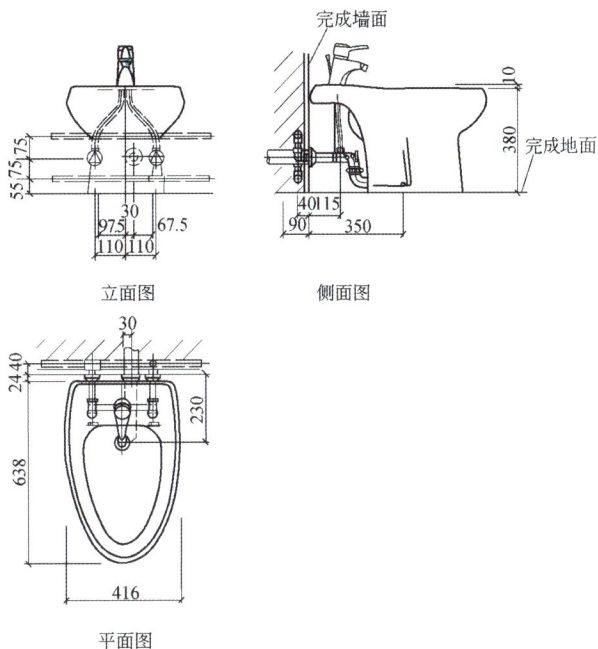

图9-27　妇洗器安装结构图

三、小便器安装

小便器有挂墙式和落地式两种，其安装方法均是用螺栓将瓷体固定于墙体上。

1. 挂墙式小便器安装

挂墙式小便器分斗式和豪华式。

（1）斗式小便器安装。在安装斗式小便器时，首先对准给水管中心线画一条垂线，由地坪向上量出规定高度画一水平线，根据产品规格尺寸，由中心向两侧固定孔眼的位置距离画好十字线，用膨胀螺栓进行固定，在小便器与墙面接触的部位用白水泥浆填缝嵌平，给水管道一般采用暗藏式，在引入小便器的给水管上应安装角式截止阀。在公共卫生间内成组安装小便器时，地面还应设置地漏，并且地面要有一定斜度，以利于排水（图9-28）。

（2）豪华型挂墙式小便器安装。豪华型挂墙式小便因本身带水封，在排水管前不必安装存水弯，排水管一般采用暗藏式。具体安装时一定要量准便斗位置尺寸进行排管，包括给水和排水。也和普通便斗安装一样，画垂直中线，画孔位、打孔、装螺栓，小便器的上部两个40 mm×40 mm的安装孔眼对着螺栓进行挂接，小便器下部也有两个安装孔眼20 mm×15 mm，也采用上述方法固定，然后用建筑密封膏嵌入抹平。豪华型挂墙式小便斗往往采用自闭式冲洗阀，为了更有效地达到节水目的，可以安装感应器使之有效地控制冲洗时间。感应器需要有电源，在安装时要考虑电源的位置（图9-29）。

2. 落地式（立式）小便器安装

与其他小便器不一样的是，立式小便器是直立在地面上的，在安装时先要清除预留甩口的杂物，将带滤栅的排水栓从上面插入小便器的排水口内，在下部加厚胶垫，拧紧螺母，安装前在小便器的下部铺好水泥和白灰膏混合灰（1：5），然后将小便器的排水栓对准排水管甩口安放平稳，放平直，小便器后背要与墙体靠实，缝隙要嵌入白水泥浆，抹平抹光。其他管道安装与斗式小便器相同（图9-30）。

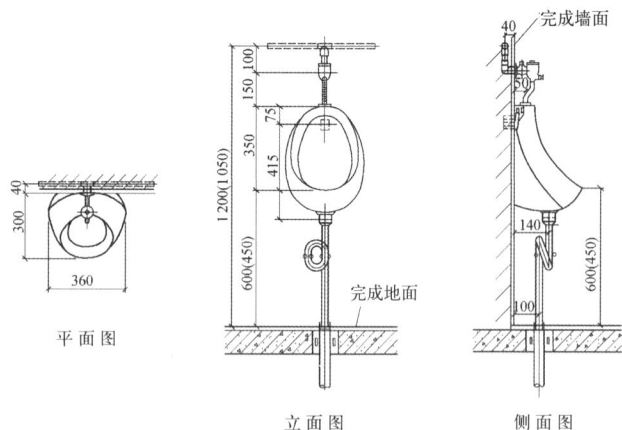

图9-28 斗式小便器安装结构图

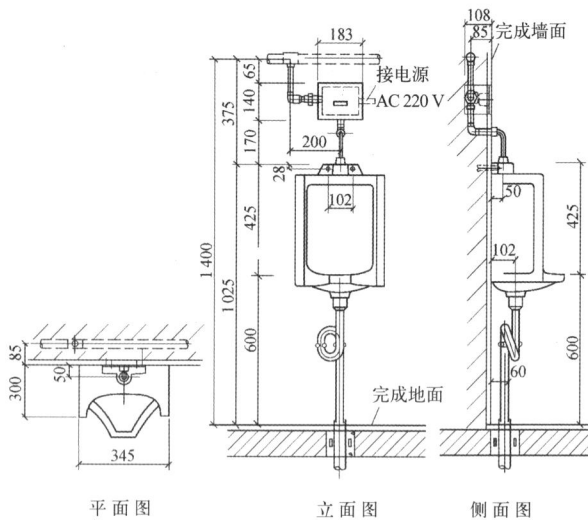

图9-29 豪华型挂墙式小便器安装结构图

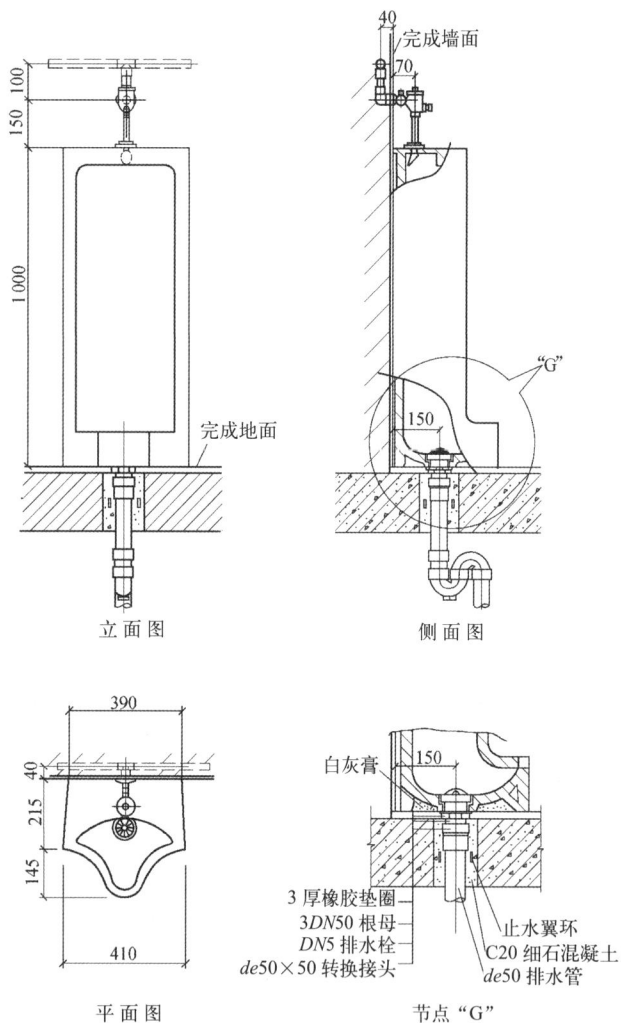

图9-30 落地式（立式）小便器安装结构图

四、浴盆安装

浴盆在卫生设施中占有重要地位，往往决定着卫生间的档次。浴盆种类较多，有铸铁搪瓷盆、陶瓷浴盆、钢制搪瓷浴盆、玻璃钢浴盆和人造大理石浴盆、GRC仿瓷浴盆，且造型各异，有圆头和方头，有有裙边和无裙边，有矩形、多边形、椭圆形、扇形等，还有浴缸带花洒功能的，甚至有侧边有门的，等等。除此之外，浴盆还有许多规格，由于各生产厂家的浴缸造型系列不同，其规格就呈多样化。

浴盆安装一般分两步，先安装管道，后装浴盆和水龙头。

一般浴盆呈长方形，安装大多是靠墙摆放，有时三面靠墙，地面要做防水处理和装地漏。根据浴盆的尺寸和摆放位置定位，画出中线、铺设管道，若是安装则要凿墙，此时水龙头的定位十分重要，一是水龙头的高低位置，二是冷热水管的位置，距离都要十分精确，要计算好最后贴面砖的位置。

管道铺设完毕之后，就是浴盆的安装。如果是带腿的浴盆，安装时需将腿部螺栓拧下，将拔销插入浴盆底部卧槽内，把腿扣在浴盆上带好螺母，拧紧找平；如果是无腿浴盆，则应配合土建施工用砖按合适高度砌垛垫牢，将浴盆放置于抹平水泥后的砖垛上，注意浴盆上口位置与净地面的距离最好不超过480 mm，如果超过这个尺度，要加一个台阶，以保障安全。如果是裙边形浴盆，则可用浴盆配件——插裙板将地面和浴盆体构成一个整体，此种承插式裙板装置安装拆卸简便，维修方便。

然后是水龙头的安装，这里主要是指冷热水混合龙头的安装，先将冷热给水预留管口清理干净，量好尺寸，校准，使户口盘紧贴墙面（图9-31）。